工业和信息化人才培养规划教材

Industry And Information Technology Training Planning Materials

Technical And Vocational Education

高职高专计算机系列

ASP.NET 网站开发项目化教程

Web Development by
ASP.NET 2.0

龚赤兵 ◎ 编著
刘志成 ◎ 主审

U0310980

人民邮电出版社

北京

图书在版编目（ＣＩＰ）数据

ASP.NET网站开发项目化教程 / 龚赤兵编著. -- 北
京：人民邮电出版社，2013.2（2015.1 重印）
工业和信息化人才培养规划教材. 高职高专计算机系
列
ISBN 978-7-115-30050-8

Ⅰ．①A… Ⅱ．①龚… Ⅲ．①网页制作工具－程序设
计－高等职业教育－教材 Ⅳ．①TP393.092

中国版本图书馆CIP数据核字（2012）第301955号

内 容 提 要

本书将微软公司推荐的经典.Net 开发案例——个人网站初学者工具包作为一个贯穿项目，依据网站的开发流程，设计网站分析、网站开发、网站测试以及网站发布四大学习情境，构造 10 个工作任务以及 26 个实训，学生通过实施这 10 个工作任务，能较为全面地体验网站的整个开发过程，实现一个功能较为完善的个人网站。

每一个工作任务的实施，通过若干个实训来实现，并通过工作任务评测单来检验学生的学习成果，强调"在做中学、在学中做"以及"真题真做"。

本书既可作为高职高专计算机及相关专业的教材，也可作为 ASP.NET 爱好者的学习教程。随书附赠一张光盘，内含本书所需要的安装软件以及所有实训的源文件。

工业和信息化人才培养规划教材——高职高专计算机系列

ASP.NET 网站开发项目化教程

◆ 编　著　龚赤兵
　　主　审　刘志成
　　责任编辑　王　威

◆ 人民邮电出版社出版发行　　北京市丰台区成寿寺路 11 号
　　邮编　100164　电子邮件　315@ptpress.com.cn
　　网址　http://www.ptpress.com.cn
　　北京昌平百善印刷厂印刷

◆ 开本：787×1092　1/16
　　印张：13.5　　　　　2013 年 2 月第 1 版
　　字数：342 千字　　2015 年 1 月北京第 2 次印刷

ISBN 978-7-115-30050-8

定价：34.80 元（附光盘）

读者服务热线：(010) 81055256　印装质量热线：(010) 81055316
反盗版热线：(010) 81055315

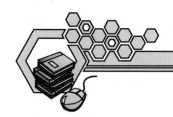

本书将微软公司推荐的经典案例——个人网站初学者项目作为一个贯穿项目，从而实现网站开发项目全过程。

书中所讲项目是一个可以运行的个人网站，其中包括首页、简历页面、链接页面、注册页面、相册管理页面和相册浏览等 11 个页面，是初学者学习 ASP.NET 的经典案例，本书的目的就是仔细分析该项目的结构、功能、页面实现，通过精心构造的 26 个实训，让读者在"做中学，学中做"，从而能够逐步实现一个较为完整的个人网站。

本书的内容简要介绍如下。

- 任务 1 介绍如何配置 ASP.NET 2.0 的开发环境；如何安装 SQL Server Management Studio Express；如何安装个人网站初学者工具包。

- 任务 2 介绍了如何新建一个项目化教程网站，如何运行项目化教程网站，以及如何设置用户；介绍了项目化教程网站的总体结构，说明了 11 个页面的功能，以便读者对项目化教程网站有一个比较全面的了解。

- 任务 3 介绍了如何根据项目化教程网站的功能需求，设计相关的数据库，以便存储相册以及照片的存放路径信息；介绍了基于图片的存放目录结构，书写自定义 HTTP 处理程序，实现显示图片的功能。

- 任务 4 是本书的重点内容，实现显示相册内容;显示相册中的所有照片;显示某张照片以及下载某张照片。

- 任务 5 是本书的关键内容，实现相册管理的基本功能：如何编辑相册中的内容，实现相册的添加、修改和删除等功能；如何编辑某一相册中的照片，包括照片的显示、添加、修改和删除等功能；以及如何显示指定的某张照片。

- 任务 6 介绍如何使用母版页简化页面制作；在项目化教程中设计页面导航，其中包括站点地图的创建，SiteMapDataSource 控件、TreeView 控件、SiteMapPath 控件以及 Menu 控件的使用。

- 任务 7 说明了如何在项目化教程中创建 2 个主题，包括主题文件夹、主题文件的创建，以及如何使用主题；说明了如何在项目化教程中创建相关主题下的皮肤，包括如何新建、设置以及使用皮肤。

- 任务 8 实现了如何在项目化教程中实现成员管理，其中包括会员注册、会员登录、会员其他信息的管理以及首页的实现；说明了如何在项目化教程中实现角色管理，其中包括如何基于用户角色管理相册、显示相册以及角色的管理。

- 任务 9 介绍了在 Visual Studio 2005 中，如何记录 Web 测试、运行 Web 测试，为 Web 测试设置数据源、添加验证规则，从而实现自动化运行 Web 测试；如何通过负载测试向导设置负载测试中的各种参数，如何运行负载测试，如何解读负载测试的关系图。

- 任务 10 介绍了如何通过免费的虚拟主机服务提供商，将所开发的项目化网站，发布到互联网上。在发布过程中，需要特别注意数据库的上传和配置，并在配置文件中书写正确的数据库连接字符串。

为了方便读者学习，本书附带了一张光盘，光盘或者书中相关软件所需要的运行环境要求如下。

- 硬件环境：CPU 的主频至少 600MHz 以上，内存在 128M 以上。
- 软件平台：操作系统为 Windows 2000/XP。需要安装 Visual Studio 2005 Team Suit180 天试用版以及 SQL Server Management Studio Express。

附书光盘中的文件夹结构与内容具体如下表所示。

光 盘 内 容	所在的文件夹
Visual Studio 2005 Team Suit 180 天试用版。	\\VS2005_180_Trial
相关的任务开始和任务结束文件。	\\任务 3–任务 8
ASP.NET 网站开发项目化教程.VSI 文件。	\\项目化教程网站
SQL Server Management Studio Express 的安装软件。	\\

将本书的源代码复制到硬盘，去掉只读属性（否则可能无法正常使用这些源程序），配置好上述相关的开发工具以及数据库，更详细的配置方法，请参考书中的具体介绍。本书附代的源代码均是作者编写和测试过的，仅供读者学习时使用，不能用作其他商业用途。

本书主要由龚赤兵编写，参加写作的人员还有龙敏、龚雅、刘恭作、刘连清、龚红佳、丁洁珍、丁汀、王银萍、周礼成、韩桃仙、鲍婧、王欢、林华、林海丹等。湖南铁通职业技术学院刘志成老师审阅了全书。

由于水平有限，书中难免存在一些错误和不足之处，如果读者使用本书时遇到问题，可以发邮件联系我们（spencergong@yahoo.com）。

编　者

2012 年 12 月

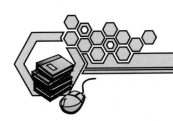

目　录

配置 ASP.NET 2.0 开发环境

任务目标

- 安装 Visual Studio 2005 Team Suite。
- 安装 SQL Server Management Studio Express。
- 运行个人网站初学者工具包。

配置开发环境是 Web 应用开发中的第一步基础性工作，开发者需要选择合适的开发平台，安装相关的开发软件，以便进行后续的 Web 应用开发。

在配置 ASP.NET 2.0 开发环境任务中，选择 Windows 平台下的 Windows Server XP 操作系统，首先安装 Visual Studio 2005 Team Suite 版本的集成开发环境；然后安装 SQL Server Management Studio 软件；最后通过 Visual Studio 2005 开发环境，新建个人网站初学者工具包的 Web 应用程序，运行该 Web 应用程序，以便确保开发环境的正确配置。

1.1 实训 1——安装 Visual Studio 2005

Visual Studio 2005 以及 SQL Server 2005 已经于 2005 年底在全球正式发布，Visual Studio 2005 有 4 个不同的版本，分别是速成版、标准版、专业版以及 Team Suite 版。

Visual Studio 2005 速成版是一个供开发者免费试用的版本，适用于编程爱好者、初学者和学生。

Visual Studio 2005 标准版是速成版的更高一级的版本，与速成版相比较拥有更多的特性，如类设计工具等。

Visual Studio 2005 专业版适合独立工作或小型团队中的专业开发人员使用。开发人员可以开发高性能、多层的 Windows、Web、移动设备应用程序。

Visual Studio 2005 Team Suite 版提供了全面紧密集成并支持可扩展的开发工具，可以帮助软件开发团队减少开发复杂度，增进开发团队之间的沟通与协作。

在本实训中，安装 Visual Studio 2005 的版本为 Visual Studio 2005 Team Suite 版。

1.1.1　安装 Visual Studio 2005 的系统要求

可安装 Visual Studio 2005 Team Suite 版本的操作系统有 Windows Server 2003、Windows XP 或者 Windows 2000。

CPU 的最低要求为 600MHz Pentium 微处理器，建议使用 1GHz 以上的 Pentium 微处理器。

系统内存的最低要求为 512MB，推荐值为 1GB 以上。

安装 Visual Studio 2005 的硬盘空间至少为 1GB 以上，如果要完整安装 Visual Studio 2005，即包括较完整的帮助系统，系统硬盘空间至少需要 2GB 以上。

表 1-1 所示为安装 Visual Studio 2005 Team Suite 版本的详细系统要求。

表 1-1　　　　　　　安装 Visual Studio 2005 Team Suite 版本的系统要求

操作系统	Windows 2000 Service Pack 4 Windows XP Service Pack 2 Windows Server 2003 Service Pack 1 Windows x64 editions Windows Vista
CPU	至少 600MHz 以上 推荐值 1GHz 以上
内存	至少 512MB 以上 推荐值 1GB 以上
硬盘	如果只安装.NET 2.0 以及 Visual Studio 2005，至少 1GB 以上 如果安装 MSDN Express Library 2005，至少 2GB

1.1.2　安装过程

打开本书配套光盘中的文件夹 VS2005_180_Trial，进入 vs\Setup 目录，单击其中的 setup.exe 文件，即可开始安装 Visual Studio 2005 Team Suite 版本的 180 天使用版。

图 1-1 所示为安装 Visual Studio 2005 的初始画面，此时主要是复制 Visual Studio 2005 的相关文件到临时目录中，然后在图 1-2 所示的画面中加载安装组件，

图 1-1　复制相关文件

加载完成后的画面如图 1-3 所示，在其中单击"下一步"按钮，进入如图 1-4 所示的用户版权协议界面。

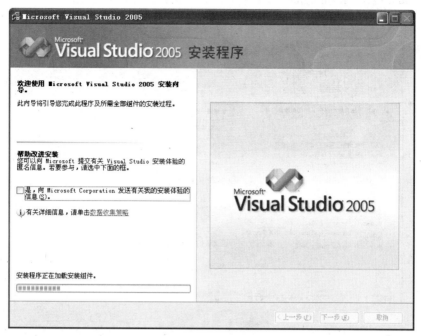

图 1-2　加载安装组件

图 1-3　加载完成

在图 1-4 中选择"我接受许可协议中的条款"，单击"下一步"按钮，打开如图 1-5 所示的试用版对话框，单击"确定"按钮，进入如图 1-6 所示的选择安装功能界面。

在图 1-6 中选择"默认值"的安装功能，单击"安装"按钮，打开如图 1-7 所示的安装界面，开始 Visual Studio 2005 Team Suite 版本的各种组件的安装，需要说明的是，这一安装进程需要较长的时间。

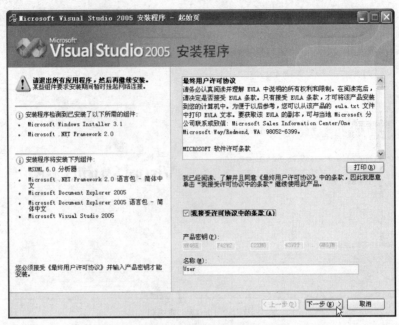

图 1-4　用户版权协议

图 1-5　试用版对话框

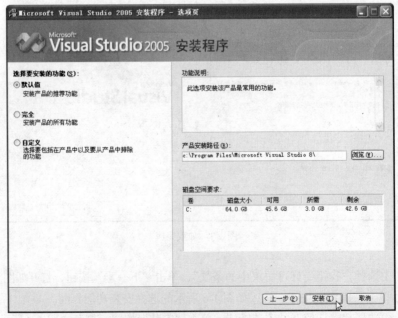

图 1-6　选择安装功能

从图 1-7 中可以看出，Visual Studio 2005 需要安装如下的主要组件。

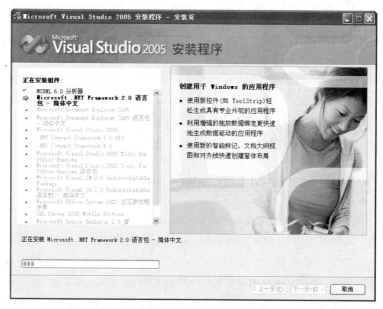

图 1-7　组件安装进程

.NET Framework 2.0：Visual Studio 2005 是在 ASP.NET 2.0 基础上开发 Web 应用的可视化开发工具，要运行 Visual Studio 2005，必须安装.NET Framework 2.0。

Visual Studio 2005：这就是 Visual Studio 2005 集成开发环境的内容。

SQL Server 2005 Express：要在 Visual Studio 2005 中开发 Web 数据库应用程序，需要使用数据库，其中默认安装了可以免费使用的数据库 SQL Server 2005 Express。

全部组件安装成功后，打开如图 1-8 所示的安装结束界面，单击其中的"完成"按钮，即可结束 Visual Studio 2005 的安装。

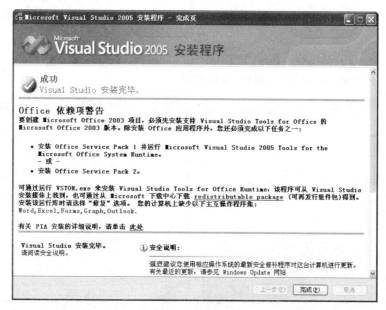

图 1-8　安装结束

1.2 实训2——安装SQL Server Management Studio Express

在前面的实训 1 中，在安装 Visual Studio 2005 的过程中，默认安装了可以免费使用的数据库 SQL Server 2005 Express，但需要说明的是，SQL Server 2005 Express 本身并没有提供可视化的工具来使用和管理 SQL Server 2005 数据库，要实现可视化的管理，需要安装另外一个专门的工具 SQL Server Management Studio Express，该工具是完全免费的。

1.2.1 安装 SQL Server Management Studio Express

打开本书配套光盘，进入其中的 SQL Server Management 目录，然后单击其中的 SQLServer2005_SSMSEE.msi 文件，即可开始安装 SQL Server Management Studio Express。

图 1-9 所示为一个安装欢迎界面，单击"下一步"按钮，在打开的如图 1-10 所示的用户版权协议界面中，选择"我同意许可协议中的条款"，并继续单击"下一步"按钮。

图 1-9 安装欢迎界面	图 1-10 用户版权协议

此时会打开输入用户信息对话框，如图 1-11 所示，在其中输入相关的信息后，同样单击"下一步"按钮，打开如图 1-12 所示的选择安装项目对话框。

图 1-11 输入用户信息	图 1-12 选择安装项目

在图 1-12 中，直接单击"下一步"按钮，打开等待安装的界面，如图 1-13 所示，提示用户即将开始正式安装，如果需要修改安装设置等，可以单击"上一步"按钮；如果需要退出安装，此时可以单击"取消"按钮。

这里直接单击"安装"按钮，开始安装 SQL Server Management Studio Express 可视化管理工具，此时会打开如图 1-14 所示的安装进程界面，这里需要说明的是，即使在安装进程中，仍然可以随时单击"取消"按钮取消安装，安装成功后，就会打开安装结束的界面，如图 1-15 所示。

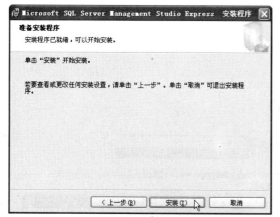

图 1-13　等待安装

图 1-14　安装进程

图 1-15　安装结束

在图 1-15 中单击"完成"按纽，此时就可结束 SQL Server Management Studio Express 的安装。

1.2.2　启动 SQL Server Management Studio Express

启动 SQL Server Management Studio Express 可视化管理工具的过程如图 1-16 所示。

在图 1-16 中，单击菜单"SQL Server Management Studio Express"，即可运行 SQL Server Management Studio Express 可视化管理工具，打开如图 1-17 所示的初始界面。

在初始界面显示一段时间后，出现如图 1-18 所示的数据库服务器登录界面，这里选择"Windows 身份验证"，然后单击左下方的"连接"按钮，就可登录到 SQL Server 2005 Express 数据库服务器，打开 SQL Server Management Studio Express 可视化管理工具。

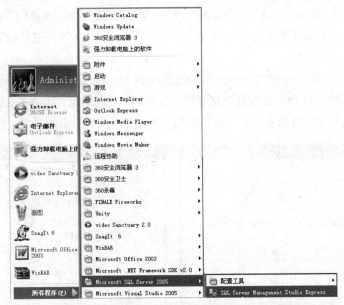

图 1-16　启动 SQL Server Management Studio Express 可视化管理工具

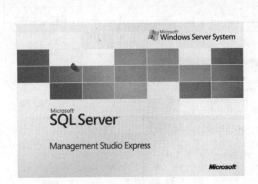

图 1-17　初始界面

图 1-18　数据库服务器登录界面

在 SQL Server Management Studio Express 可视化管理工具中，展开"数据库"目录，可以清楚地看到系统已经安装的数据库，如图 1-19 所示。

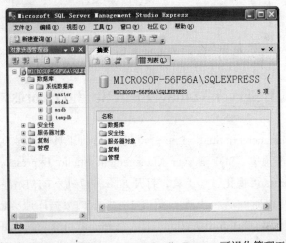

图 1-19　SQL Server Management Studio Express 可视化管理工具

1.3 实训 3——运行个人网站初学者工具包

通过运行个人网站初学者工具包，开发者可以验证开发环境是否正确配置，包括 ASP.NET 2.0 的正确配置以及数据库 SQL Server 2005 Express 的正确配置。

1.3.1　启动 Visual Studio 2005

启动 Visual Studio 2005 的过程如图 1-20 所示。

图 1-20　启动 Visual Studio 2005

在图 1-20 中，单击菜单 "Microsoft Visual Studio 2005"，即可运行 Visual Studio 2005，打开如图 1-21 所示的初始界面。

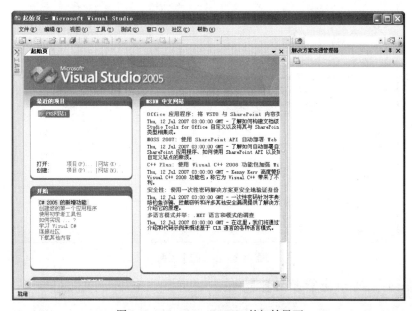

图 1-21　Visual Studio 2005 的初始界面

1.3.2　个人网站初学者工具包

在 Visual Studio 2005 中，提供了一个个人网站初学者工具包项目模板，供开发者创建一个完整的个人网站，通过新建、运行该个人网站，开发者可以验证 ASP.NET 2.0 开发环境是否已经正确配置。

1. 新建个人网站初学者工具包

在图 1-21 中，单击"文件"菜单下的"新建"→"网站"命令，打开如图 1-22 所示的"新建网站"对话框。

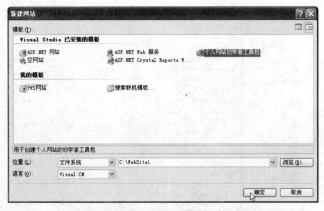

图 1-22　新建网站对话框

在"新建网站"对话框中选择"个人网站初学者工具包"，单击"确定"按钮，Visual Studio 2005 就会为开发者构建一个完整的个人网站，如图 1-23 所示。

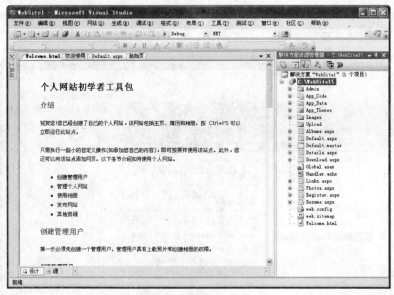

图 1-23　新建的个人网站

2. 运行个人网站初学者工具包

在图 1-23 中，单击工具栏中的"启动调试"按钮（绿色方向键）或者直接按下"F5"键，此时就可以在 Visual Studio 2005 自带的服务器中运行个人网站，如图 1-24 所示。

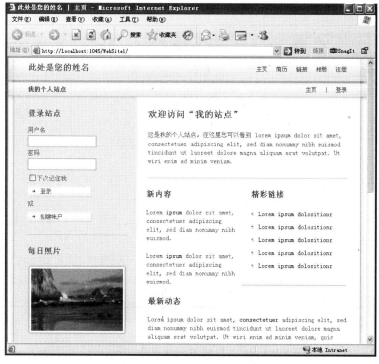

图 1-24　运行的个人网站

从图 1-24 中可以看到 ASP.NET 2.0 的环境配置是正确的。

下面说明如何验证数据库 SQL Server 2005 Express 的配置也是正确的。

在图 1-24 中页面的右上方单击"注册"链接，打开如图 1-25 所示的添加账户界面，在其中

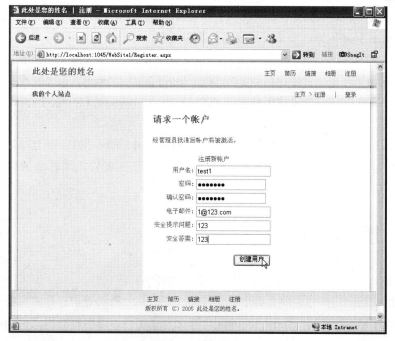

图 1-25　添加账户

输入相关信息，单击"创建用户"按钮，如果相关信息正确无误，则出现如图 1-26 所示的添加账户成功界面。

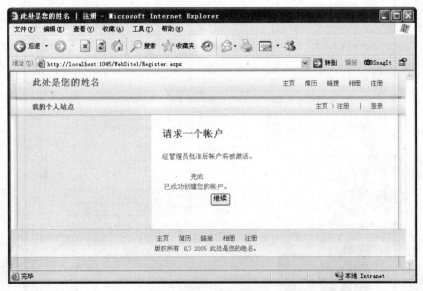

图 1-26 添加账户成功

通过成功添加账户，开发者可以知道数据库 SQL Server 2005 Express 的配置是正确的。

1.4 任务小结

下面对如何实现配置 ASP.NET 2.0 开发环境作一个小结。

- 如何安装 Visual Studio 2005：说明了安装 Visual Studio 2005 所必需的系统配置，以及安装 Visual Studio 2005 集成开发环境的全部过程。
- 如何安装 SQL Server Management Studio Express：在安装 Visual Studio 2005 的过程中，默认安装了可以免费使用的数据库 SQL Server 2005 Express，但要实现可视化的数据库管理，需要安装一个免费工具软件 SQL Server Management Studio Express，说明了安装该可视化工具的全部过程。
- 如何运行个人网站初学者工具包：通过启动 Visual Studio 2005，新建、运行个人网站初学者工具包来验证 ASP.NET 2.0 开发环境是否正确配置；通过添加用户账号来验证 SQL Server 2005 Express 数据库是否正确配置。

1.5 思考题

1. 如何在 IIS 中运行个人网站？能够实现登录功能吗？

2. 个人网站的用户账号存储在哪个数据库中？用户名、密码等信息存储在哪个数据表中？请用 SQL Server Management Studio Express 可视化管理工具，以图解的形式说明用户账号的存储位置。

1.6 工作任务评测单

学习情境 1	个人网站分析	班级	
任务 1	配置 ASP.NET 2.0 开发环境	小组成员	
任务描述	在配置 ASP.NET 2.0 开发环境的时候，需要选择合适的 Windows 操作系统，安装 Visual Studio 2005 集成开发环境 SQL Server 2005 Express 可视化管理工具，最后验证开发环境		
任务分析	正确配置 ASP.NET 2.0 开发环境的步骤如下： 1. 2. 3.		
任务实施	实施步骤（并回答思考题）。		
工作评价	小组自评	分数：　　　　　　签名：　　　年　　月　　日	
	小组互评	分数：　　　　　　签名：　　　年　　月　　日	
	教师评价	分数：　　　　　　签名：　　　年　　月　　日	

任务2

页面功能分析

任务目标

- 安装项目化教程。
- 页面功能分析。

为了让初学者尽快学习并掌握 ASP.NET 2.0 技术开发 Web 应用程序，微软公司经过大量调研、反馈，在全球范围内组织相关行业专家，吸引各路开发高手，特别为开发者制作了一些经典案例，并被称为初学者工具包（Starter Kit），这些初学者工具包就是一个个鲜活的典型应用网站，这些典型案例分别描述了各种类型网站的总体设计、基本功能、整个网站的设计代码等。

在微软公司的相关网站上提供了数个初学者工具包供开发者借鉴，其中的个人网站初学者工具包（以后简称项目化教程网站）被集成在 Visual Studio 2005 中作为一个项目模板供大家学习，为方便大家学习该个人网站，笔者专门对该网站进行了汉化，并制作了一个项目化教程项目模板供大家使用。

个人网站初学者工具包是一个可以运行的个人网站，其中包括首页、简历页面、链接页面、注册页面、相册管理页面、相册浏览等 11 个页面，是初学者学习 ASP.NET 2.0 的经典案例，本书的目的就是仔细分析该案例的结构、功能、页面实现，通过精心构造的 10 个工作任务及 26 个实训，让读者在"做中学，学中做"，从而能够逐步实现一个完整的个人网站初学者工具包。

本任务讲述如何安装个人网站初学者工具包以及新建一个项目化教程网站，通过项目化教程的首次运行来设置用户的不同角色，并通过运行网站管理工具来设置新的用户；在简单介绍项目化教程网站的总体结构后，将分析各个页面的功能，以便读者对项目化教程网站有一个较为全面的了解，通过后续的任务就能够逐步开发出这个项目化教程网站。

2.1 实训 1——安装项目化教程

首先在光盘中找到"ASP.NET 网站开发项目化教程.vsi"文件，该文件位于光盘的"项目化教程网站"目录下，然后安装该项目化教程项目文件，新建一个项目化教程网站。

2.1.1 安装项目文件

用鼠标双击"ASP.NET 网站开发项目化教程.vsi"项目文件，进入如图 2-1 所示的选择安装内容界面，选择需要安装的内容为 ASP.NET 网站开发项目化教程，单击"下一步"按钮，打开一个安全设置的对话框，如图 2-2 所示。

图 2-1　选择安装内容

在图 2-2 中，单击"是"按钮，就会打开一个开始安装的画面，如图 2-3 所示。

图 2-2　安全设置对话框　　　　　　　　　　图 2-3　开始安装

在图 2-3 中，单击"完成"按钮，开始安装"ASP.NET 网站开发项目化教程网站"，安装成功后单击其中的"关闭"按钮，即可结束安装"ASP.NET 网站开发项目化教程.vsi"的过程。

2.1.2 新建网站

成功安装"项目化教程"项目文件后，在 Visual Studio 2005 中，通过单击"文件"菜单中的"新建网站"命令，打开如图 2-4 所示的"新建网站"对话框。

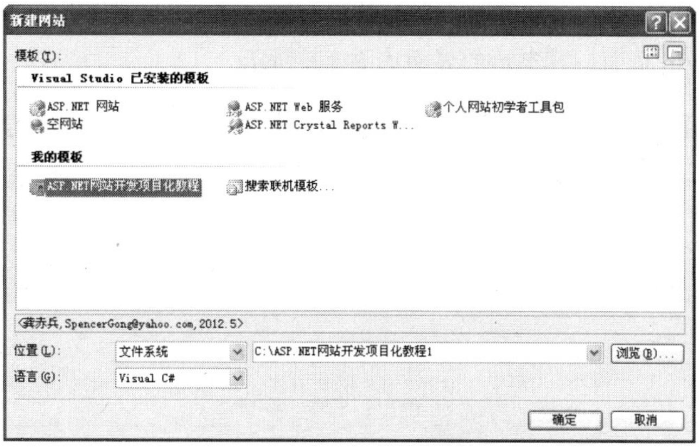

图 2-4 选择项目化教程项目文件

在"新建网站"对话框中，找到第 3 行第 1 列中的项目文件图标"ASP.NET 网站开发项目化教程"，在选择了适当的网站路径之后，单击"确定"按钮，就可以新建一个新的项目化教程网站。

这里需要说明的是，如果在"项目文件"对话框中找不到项目文件图标——项目化教程网站，那么说明项目化教程网站项目模板没有成功安装。

新建的项目化教程网站画面如图 2-5 所示。

图 2-5 新建项目化教程网站

2.1.3　运行网站

前面已经新建了一个项目化教程网站，现在来运行这个网站。

在如图 2-5 所示右边的"解决方案管理器"窗格中，用鼠标选择 Default.asp 页面，然后单击 Visual Studio 2005 工具栏中的"启动调试"按钮，即可运行项目化教程网站，并打开项目化教程网站的主页 Default.asp 页面，其运行的界面如图 2-6 所示。

图 2-6　项目化教程网站的运行

需要注意的是，在项目化教程网站首次运行的过程中，网站不仅仅是打开这个主页界面，实际上还在背后设置了用户的角色。

在 Visual Studio 2005 右边的"解决方案管理器"窗格中，单击项目化教程网站下的 Global.asax 文件，会出现代码 2-1 中的代码。

代码 2-1　Global.asax 文件的代码

```
1: <%@ Application Language="C#" %>
2:
3: <script runat="server">
4:
5:  void Application_Start(object sender, EventArgs e)
6:  {
7:    if (!Roles.RoleExists("Administrators"))
```

```
 8:             Roles.CreateRole("Administrators");
 9:     if (!Roles.RoleExists("Friends"))
10:             Roles.CreateRole("Friends");
11:   }
12:</script>
```

当每次运行项目化教程网站时，系统将会调用 Global.asax 文件，并在启动整个网站的运行时执行其中第 5 句到第 11 句的代码。

当第一次运行项目化教程时，由于没有对该网站进行任何设置，将会通过第 7 句到第 10 句分别建立两个用户角色，其名称分别为 Administrators 和 Friends。

2.1.4　用户设置

为了正确运行项目化教程网站，下面还需要设置几个注册用户，以便不同的用户能够登录该网站，浏览其中的相册内容或进行相关操作。

在 Visual Studio 2005 打开的项目化教程项目中，单击"网站"菜单中的"ASP.NET 配置"命令，打开如图 2-7 所示的网站管理工具。

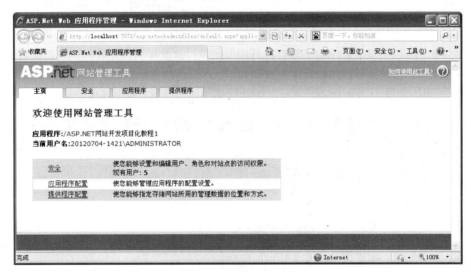

图 2-7　网站管理工具

网站管理工具提供了可视化的编程环境来管理网站，实际上该工具也是一个经过开发的 Web 应用。通过网站管理工具，可以对网站的一些安全参数进行设置，如注册用户的新建、角色的创建等。

在图 2-7 所示的网站管理工具窗口中，单击页面上部的"安全"标签，或者单击页面中部的"安全"链接地址，打开如图 2-8 所示的网站管理工具的安全设置界面。

正如图 2-8 所示界面中所做的说明，安全设置中的用户、角色等数据是默认存储在 Visual Studio 2005 自带的 SQL Server Express 数据库中的，该数据库就是项目化教程网站项目文件中 App_Data 目录下的数据库文件"ASPNETDB.MDF"。

从图 2-8 中可以看出，整个界面主要分为左边、中间和右边 3 个部分。在左边的栏目中，用户部分此时显示不存在一个注册用户，通过单击"创建用户"链接，就可以创建新的注册用户。

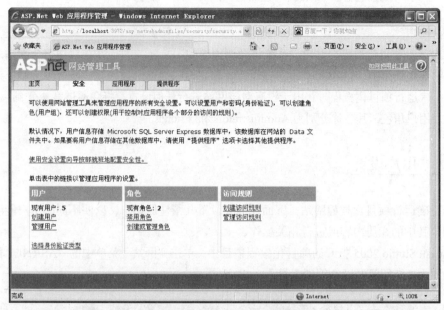

图 2-8 网站管理工具的安全设置

中间部分"角色"项下显示出已经存在有两个角色，这就是项目化教程网站首次运行后的结果；而右边部分是设置用户使用网站中目录的权限。

在图 2-8 中，单击"创建用户"链接，创建新的用户，打开如图 2-9 所示的新建用户界面。

图 2-9 创建新用户

在图 2-9 中，设置需要创建的用户名、密码、邮件地址等内容，需要注意的是，在设置密码时，密码的设置位数一定要大于 7，并且不能全部是数字，否则密码设置无效。另外，输入邮件地址时，应保证输入正确，如果以后忘记了密码，只有通过这个 E-mail 地址才能获得重新设置的新的密码。

在 Visual Studio 2005 中，由于对用户的密码进行了加密，因此即使是数据库管理员或者网站管理员也不知道用户的密码内容，只有通过用户设置的 E-mail 来重新获得新的密码，很好地提高了用户信息的安全性。

在创建用户的过程中，还可以设置该用户属于哪一类角色，其方法是通过选择右边"角色"项下的角色名称来设置，在网站第一次运行后建立了两个角色，一个是 Administrators 角色，一个是 Friends 角色。

这里创建了 3 个注册用户，第 1 个注册用户的用户名是"test1"，属于 Administrators 角色；第 2 个注册用户的用户名是"test2"，属于 Friends 角色；第 3 个注册用户的用户名是"test3"，不属于任何角色。

在用户注册成功后，将打开如图 2-10 所示的新用户创建成功界面。

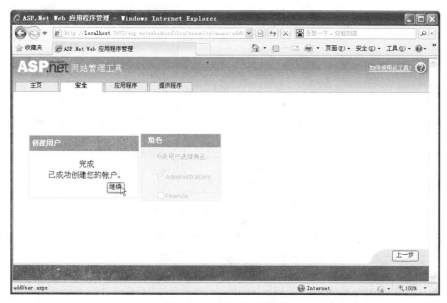

图 2-10　新用户创建成功

在创建用户成功后，建议返回到前面所示的图 2-8 界面，此时就会看到注册的用户数量不再是"0"，而应该是"1"，然后建议单击左边部分中的"管理用户"链接，在打开的用户管理对话框中，确认刚才所建立的 3 个用户是否处于"活动"状态。

如果某个用户不处于"活动"状态，单击"编辑用户"链接，就可以重新设置该用户的"活动"状态，设置完毕后，单击"保存"按钮以保存设置。

2.2　实训 2——页面功能分析

2.2.1　网站的总体结构

项目化教程是一个比较简单的网站，由 11 个页面组成，如图 2-11 所示。整个网站的页面层次结构分为 5 个层次。

第 1 个层次是主页 Home，即 Default.aspx 页面；通过 Default.aspx 所链接的 5 个页面是第 2 个层次，它们是 Resume.aspx、Links.aspx、Albums.aspx、Register.aspx 以及管理页面

Admin/Albums.aspx；在第 2 个层次中显示相册内容 Albums，即 Albums.aspx 页面，可以链接到第 3 个层次中的页面 Photos.aspx，再通过这个 Photos.aspx 页面链接到第 4 个层次的 Details.aspx 页面，单击 Details.aspx 页面中的图片，将链接到第 5 个层次的 Download.aspx 页面；同样，第 2 个层次中的管理页面 Admin/Albums.aspx 可以链接到第 3 个层次中的 Admin/Photos.aspx 页面，再通过这个 Admin/Photos.aspx 页面链接到第 4 个层次的 Admin/Details.aspx 页面。

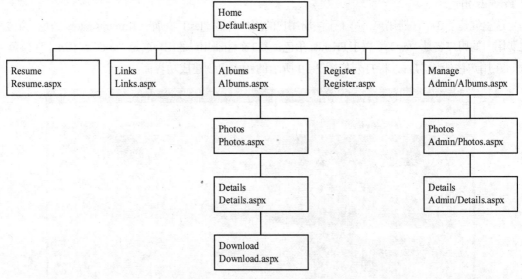

图 2-11　项目化教程的总体结构

在项目化教程的 11 个页面中，从功能上划分为首页、简历页面、链接页面、注册页面以及相册的管理页面和相册的浏览页面，下面对它们分别进行说明。

2.2.2　页面功能分析

1．首页

首页是项目化教程网站运行的主页面，其运行界面如图 2-6 所示。

首页分为 4 个部分，最上边的部分是页面的头部，主要显示网站的标题以及网站的内容，另一个重要功能是实现网站的导航功能，即分两行排列 7 个链接地址，用于链接到项目化教程网站的其他页面。

最下边部分是页面的脚部，主要显示该网站的版权说明、制作日期等，为方便用户的浏览，这里也设置了导航功能。

中间的部分分为左边和右边两部分。左边部分显示了登录区域、今日照片栏目以及最新作品；右边部分包括欢迎语、最新情况、推荐链接地址以及近来概况。

2．简历页面

如图 2-12 所示的简历页面主要用于显示该个人网站的名称、地址、照片等个人基本信息，并从就业目标、工作经验、教育背景等方面来推销自己。

以上所述的这些内容基本上是一个静态的内容，也就是说这些内容不是通过在数据库中查询得到的，如果需要修改这些内容，需要利用相关的页面开发工具，使用 HTML 语言来重新制作该简历页面。

图 2-12　Resume.aspx 页面

3. 链接页面

链接页面 Links.aspx 如图 2-13 所示。该页面主要收集了一些有关 ASP.NET 2.0 技术的网站信息，如一些资源网站，并给出了这些网站的 Top 5 链接。

图 2-13　Links.aspx 页面

同样需要说明的是，这些内容是静态的。如果需要改变这些内容，需要亲自动手在 HTML 页面中修改。

4. 注册页面

如图 2-14 所示的注册页面的功能比较简单，其主要实现的是注册用户的创建。

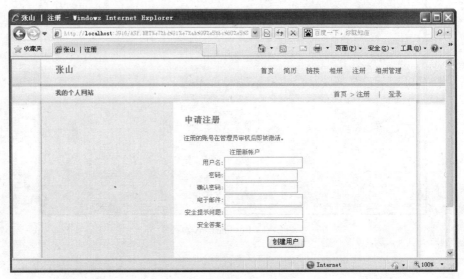

图 2-14　Register.aspx 页面

如果不是该网站的注册用户，应通过该页面即刻注册一个新的用户，就可以浏览该网站中只对注册用户开放的一些相册内容。

以前要实现新用户的注册功能，必须首先设计自己的数据库以及相应的数据表，然后设计注册的用户界面，最后书写相应的程序代码来实现与数据库的连接以及查询数据库中是否存在这个将要注册的用户等较为复杂的业务逻辑。

在实际运用中，经常需要重复上述所做的开发工作，令人可喜的是，Visual Studio 2005 将上述的过程全部进行了封装，提供了专门的注册用户控件（CreateUserWizard）来实现上述的重复工作。

在该注册用户控件中，封装了标准的注册用户界面以及需要填写的注册内容，如果不喜欢这些界面和内容，还可以通过模板来自己定义用户界面和所需要填写的相应内容。

要使用注册用户控件 CreateUserWizard，不能不使用数据库，注册用户控件的数据库采用的是 Visual Studio 2005 自带的 SQL Server Express 中的 ASPNETDB.MDF，它位于项目化教程网站项目中的 App_Data 目录下。

上述需要书写代码的所有数据库访问、操作和相关的业务逻辑，如建立与相关的数据库的连接、对数据库中某些表的字段的查询等基本功能，Visual Studio 2005 通过封装，全部在注册用户控件中实现了。

因此，通过使用注册用户控件，只需要将该控件拖放到页面上，不必输入任何代码就可以实现新用户注册的功能。

5. 相册管理

在项目化教程网站中，相册是其中的一个重要功能，它分为相册管理和相册浏览两个部分，相册的管理主要实现相册的增加、修改、删除等功能；相册的浏览主要实现相册的显示、相册中照片的显示等功能。

相册的管理主要包括 3 个页面，它们都存放在项目化教程项目中的 Admin 目录下，该目录对用户设置权限，它们分别是相册 Albums.aspx 页面、某一相册照片 Photos.aspx 网页以及某张照片 Details.aspx 网页。在项目化教程网站首页的左上部的注册用户登录区域输入前面已经建立的注册用户 test1 以及相关密码，就可登录进入该网站，该用户属于 Administrators 角色，因此可以查看 Admin 目录下的网页，具有管理相册的权限。

test1 用户登录成功后，将看到如图 2-15 所示的登录后界面，在页面左边部分的上边会出现 "欢迎　test1!" 的语句，并且此时页面头部的第 2 行链接的右边，"登录" 变为 "退出"，如果不是这样，则说明没有成功登录，如用户名或密码错误等。

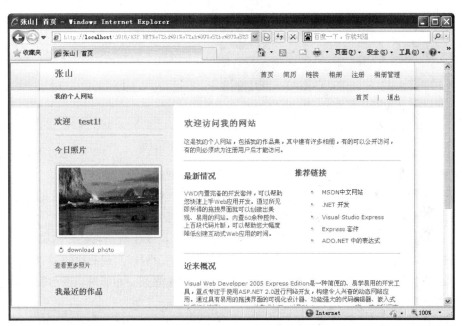

图 2-15　登录后页面

另外，由于用户 test1 属于 Administrators 角色，此时页面头部的第 1 行链接的最右边将会出现 "相册管理" 链接。单击这个链接，将打开 Albums.aspx 页面。

Albums.aspx 页面的运行界面如图 2-16 所示。

Albums.aspx 页面的主要功能是实现相册的管理，如相册的添加、相册标题的更改、相册属性的修改、相册中照片的添加等功能。

在界面的左边部分输入一个相册的标题，并设置该相册的属性是否公开，单击 "Add" 按钮，即可以添加一个相册。如果将该相册设置为公开，则所有的浏览者均可以查看该相册以及该相册中的照片；如果被设置为不公开，则必须是注册用户，并且该用户必须属于 Administrators 角色或者 Friends 角色，才能浏览这个相册及其中的照片。如前面建立的 3 个注册用户，只有用户 test1

和用户 test2 可以浏览照片，而用户 test3 是看不到该相册以及其中的照片的。

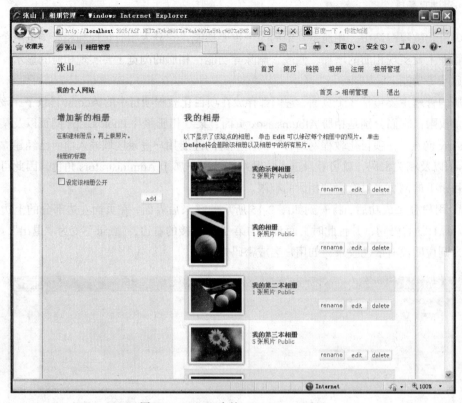

图 2-16　Admin 中的 Albums.aspx 页面

在界面的右边部分，以列表的方式显示了项目化教程网站中的所有相册内容，对于每一本相册，它包括 6 个方面的内容，分别是显示该相册中第一张规格为小的照片该照片的标题、该相册中包含的照片数量、"rename" 按钮、"edit" 按钮、"delete" 按钮。

通过单击 "rename" 按钮，可以更改相册的标题，以及该相册是否公开的属性；通过单击 "edit" 按钮，可以链接到 Admin 目录下的 Photos.aspx 页面，可以实现照片的添加等功能；通过单击 "delete" 按钮，可以删除该相册，需要注意的是，在删除某一相册时，该相册中所包含的所有照片也将会被同时删除。

如图 2-17 所示的 Photos.aspx 页面中，可以实现照片的批量上传，以及单张照片的添加，还可以修改每张照片的标题，以及删除该照片等。

在界面的左边部分，单击 "import" 按钮，就可以将项目化教程网站项目 Upload 目录下的 JPG 格式的照片全部添加到数据表 Photos 中，不过此时的照片标题就是照片的文件名称，这就是照片的批量上传。

在界面右边的上部分，可以在本机上选择需要添加的照片的位置，然后在输入照片的标题后，单击 "add" 按钮，即可将选择的照片添加到数据表 Photos 中，其中照片的格式仍然为 JPG 格式。在添加照片的过程中，所选择的照片被称为原始照片，为了便于显示不同大小的照片，还可以对原始照片进行变换，而同一张照片又可以分别生成 3 张不同大小的新照片，存储在 Photos 中。

在界面右边的下部分，用列表的方式显示该相册中现有的全部照片，它包括 4 个方面的内容，分别是显示该相册中第一张规格为小的照片、该照片的标题、"rename" 按钮、"delete" 按钮。

图 2-17 Admin 中的 Photos.aspx 页面

在这个照片显示的列表中，通过单击照片右边的"rename"按钮，可以修改照片的标题；通过单击照片右边的"delete"按钮，可以删除该照片；直接单击该照片，可以链接到 Details.aspx 页面，显示该张照片。

如图 2-18 所示的 Details.aspx 页面的功能比较简单，该页面主要用来显示放大的照片，以便浏览者查看该照片。该照片的规格大小是 600 像素，照片的上方显示了该照片的标题。

6. 相册浏览

前面说过，相册的浏览被设置了权限，并不是任何浏览者可以浏览所有的相册内容。对于一般的浏览者，可以浏览相册属性设置为公开的相册内容，对于注册用户，如果属于 Administrators 角色或者 Friends 角色，通过登录进入项目化教程网站，还可以浏览那些相册属性设置为不公开的相册内容。

相册的浏览与相册的管理类似，不过它有 4 个页面，分别存放在项目化教程的项目下，分别是显示相册内容的 Albums.aspx 页面、显示某一相册中所有照片的 Photos.aspx 网页、显示某张照片的 Details.aspx 网页以及供用户下载照片的 Download.aspx 网页。

在项目化教程的任何页面中，单击页面头部或脚部的导航部分中的 Albums 链接地址，即可进入图 2-19 中的 Albums.aspx 页面。

在 Albums.aspx 页面中，同样通过列表的方式以每行两列的方式显示在目前的项目化教程网站中已经建立的相册。

相册显示的是该相册中的第一张照片，显示的照片大小规格为中，即大小为 198 像素的照片；在相册的下方还显示了该相册的标题，以及该相册所包含的照片数量。为了美化页面，对相册的四周进行了装饰，形式类似于一个画框。

图 2-18　Admin 中的 Details.aspx 页面

图 2-19　Albums.aspx 页面

单击该相册中的某张照片，将链接到 Photos.aspx 页面，如图 2-20 所示。

Photos.aspx 页面主要显示被选择相册中的所有照片内容，每行显示 4 张照片，在照片的下方显示该照片的标题，在整个照片的上方和下方的中间部分，还分别布置了漂亮的相册按钮，单击该按钮，可以返回 Albums.aspx 页面。如果单击该照片，将链接到 Details.aspx 页面，如图 2-21 所示。

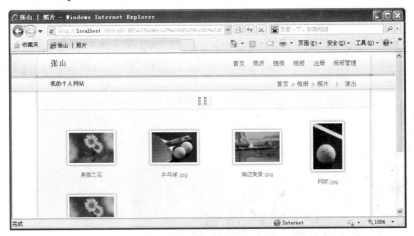

图 2-20　Photos.aspx 页面

图 2-21　Details.aspx 页面

Details.aspx 页面的主要功能是显示某一张照片的内容。

在照片显示页面中，照片的上方显示了该照片的标题，上方和下方的中间部分分别是漂亮的相册按钮以及浏览照片的 4 个导航按钮。

单击相册按钮，可以返回 Albums.aspx 页面；单击浏览照片的 4 个导航按钮，可以分别查看第一张照片、前一张照片、后一张照片以及最后一张照片。

单击照片下面的"download photos"图像按钮，可以下载该照片，如图 2-22 所示。在照片的最下方还显示了该相册中所包含的照片页码，通过单击不同的页码，可以查看指定的照片。

通过页面上方的导航菜单，可以清楚地知道目前该页面在整个项目化教程网站中所处的层次结构，如 Details.aspx 的目前的路径为"首页"→"相册"→"照片"→"详细"，说明 Details.aspx
页面处于整个项目化教程网站中的第 4 个层次。

图 2-22　Download.aspx 页面

通过导航菜单，还可以非常容易地实现各个页面之间的来回浏览，如图 2-21 中，如果要返回
到相册页面，直接单击菜单"首页"→"相册"→"照片"→"详细"中的"相册"链接，即
可链接到 Albums.aspx 页面；如果要返回到照片页面，直接单击菜单"首页"→"相册"→"照
片"→"详细"中的"照片"链接，即可链接到 Photos.aspx 页面。

这里需要说明的是，上述的导航控件所显示的页面路径并不是该浏览者浏览网页的浏览路径。

Download.aspx 页面主要用于用户下载照片，该照片的大小为原始尺寸，用鼠标右击该照片，
在弹出的快捷菜单中单击"图片另存为"命令，即可将选择的照片下载保存到指定路径的文件中。

2.3　任务小结

下面对本章的内容作一个小结。
- 如何安装、运行个人网站初学者工具包：介绍了如何安装个人网站初学者工具包，如何
  新建一个项目化教程网站，如何运行项目化教程网站，以及如何设置用户。
- 项目化教程网站的总体结构和页面功能分析：为了让读者在后面的章节中能够逐步开
  发出这个项目化教程网站，介绍了项目化教程网站的总体结构，说明了 11 个页面的功
  能，以便读者对项目化教程网站有一个比较全面的了解。

2.4　思考题

1. 在设置项目化教程网站用户的时候，用户名、密码等信息以及角色信息存储在哪个数据库
中？用户名、密码等信息存储在哪个数据表中？

2. 角色信息存储在哪个数据表中？以图解的形式说明用户设置过程以及数据的存储位置。

2.5 工作任务评测单

学习情境 1	个人网站分析	班级	
任务 2	页面功能分析	小组成员	
任务描述	在页面功能分析任务中，主要实现项目化教程网站的新建、运行，分析项目化教程网站的总体结构，说明项目化教程网站的主要功能		
任务分析	安装、运行项目化教程网站： 项目化教程网站的总体结构： 项目化教程网站的主要功能：		
任务实施	实施步骤（并回答思考题）。 1. 如何安装、运行项目化教程网站： 2. 画出项目化教程网站的总体结构： 3. 说明项目化教程网站的主要功能：		
工作评价	小组自评	分数：	签名：　　年　月　日
	小组互评	分数：	签名：　　年　月　日
	教师评价	分数：	签名：　　年　月　日

任务目标

- 新建数据库。
- 实现自定义 HTTP 处理程序。

在项目化教程网站中，显示相册与编辑相册是其中非常重要的功能。为了实现网站中相册以及图片的显示，就必须了解如何显示图片，即如何读取数据库中所保存的照片存放路径信息，并在页面中显示该图片。

在显示图片任务中，首先说明如何新建数据库，以便存储相册以及照片的存放路径信息；然后介绍通过自定义 HTTP 处理程序，实现显示相册、显示指定照片和照片大小等基本功能，为实现下一个任务——显示相册——打下基础。

3.1 实训 1——新建数据库

通过对项目化教程网站的页面功能分析之后，开发者首先需要针对项目化教程网站设计相关的数据库，以便存储相册以及照片的存放路径信息。

3.1.1 新建 Personal 数据库

在 Windows 窗口左边底部的状态栏中，从"开始"菜单中选择"程序"子菜单，然后单击"Microsoft SQL Server 2005"子菜单中的"SQL Server Management Studio Express"命令，即可启动 SQL Server Management Studio Express 可视化管理工具，如图 3-1 所示，从而可以在其中新建数据库或创建数据表等。

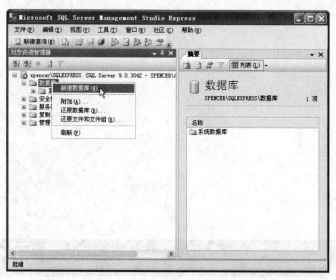

图 3-1　SQL Server Management Studio Express 界面

　　在图 3-1 中，用鼠标右键单击"对象资源管理器"窗格下的"数据库"目录，在弹出的快捷菜单中单击"新建数据库"，打开如图 3-2 所示的"新建数据库"对话框。

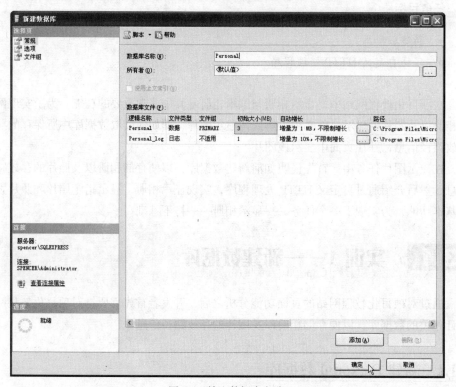

图 3-2　输入数据库名称

　　在图 3-2 中的"数据库名称"右边的空白框中输入数据库的名称 Personal，然后单击"确定"按钮，即可完成数据库 Personal 的创建。

　　在新建了数据库 Personal 之后，下面还需要在该数据库中新建相应的数据表。

　　在下面的图 3-3 中，用鼠标右键单击"对象资源管理器"窗格下的 Personal 目录，在弹出的快捷菜单中单击"新建查询"命令，打开如图 3-4 所示的执行 SQL 语句的界面。

图 3-3　输入 SQL 语句

图 3-4　执行 SQL 语句

在图 3-4 中，首先单击工具栏中的"打开文件"按钮，选择任务 3 中的 personal_add.sql 文件，然后单击右边窗格上方工具栏中的"执行"按钮，即可新建相应的数据表 Albums 以及 Photos。

这里需要说明的是，在工具栏中"执行"按钮左边的下拉列表框中，需要选择 Northwind 数据库。

3.1.2　分析 Personal 数据库

图 3-5 是 Personal 中数据表的数据关系图。

Personal 数据库由两个数据表所组成，一个表的名称为 Albums，另一个表的名称为 Photos。

在数据表 Albums 中定义了 3 个字段，AlbumID 被定义为主键；Caption 存储相册的标题，用以说明该相册的内容；IsPublic 用来定义该相册是否可以公开，如果可以公开，则任何浏览者均可查看该相册的内容；如果不允许公开，则只有能够登录进入该网站的成员才能浏览相册中的内容。

在数据表 Photos 中定义了 7 个字段，PhotoID 被定义为主键；AlbumID 为相册的唯一编号；Caption 存储照片的标题，用以说明该照片的内容；OriginalFileName 被定义为一个字符串类型的字段，存储原有照片的文件名称。

另外还设计了 3 个字符串类型的字段以分别存储不同大小照片的存放路径：LargeFileName 用来存储 600 像素大小的照片，MediumPoster 用来存储 198 像素大小的照片，而 SmallFileName 则用来存储 100 像素大小的照片。

图 3-5　Personal 的数据关系图

数据表 Albums 用来存储相册的内容，数据表 Photos 主要用来存储照片的相关内容，其中这两个表通过 AlbumID 实现主键与外键的互相关联，通过这种关联来方便对数据进行的操作。如需要删除相册 Albums 中的某一个相册 AlbumID，由于具有这种关联，数据库将自动删除数据表 Photos 中的所有相关的照片，即相册 AlbumID 中的照片。

3.2 实训 2——自定义 HTTP 处理程序

在本实训中，通过自定义 HTTP 处理程序实现显示图片的功能，主要介绍存放图片的目录结构、如何获得 Photos 数据表的文件名、获得 Album 数据表的文件名以及解读自定义 HTTP 处理程序等。

3.2.1 存放图片的目录结构

存放图片的目录结构如图 3-6 所示。

从图 3-6 中可以看出，图片全部存放在 Images 文件夹中。在 Images 文件夹的根目录下存放着原始尺寸大小的图片文件，如"海边美景.jpg"以及空白图片，如"placeholder-100.jpg"等；另外在其中的 3 个目录"Large"、"Medium"和"Small"中则分别存放所对应的 600 像素的大图片、198 像素的中等图片以及 100 像素的小图片文件。

图 3-6 存放图片的目录结构

3.2.2 查询 Photos 数据表

为方便读取数据库 Personal 中相关数据表中的图片等路径信息，当用户输入 PhotoID 的时候，需要查询得到该数据所对应的文件名称（OriginalFileName）。这需要使用 ADO.NET 技术编写访问数据库的代码。

1. 查询页面 Default.aspx

在查询页面 Default.aspx 中，当用户输入 PhotoID 之后，单击"得到照片文件名"，就可以在后面的文本框中得到查询的照片文件名称。该页面的实现如代码 3-1 所示。

代码 3-1 Default.aspx 页面的代码

```
1: <html xmlns="http://www.w3.org/1999/xhtml" >
2:   <head runat="server">
3:     <title>无标题页</title>
4:   </head>
```

```
 5:    <body>
 6:      <form id="form1" runat="server">
 7:        <div>
 8:          <asp:TextBox ID="TextBox1" runat="server"></asp:TextBox>
 9:          <asp:Button ID="Button1" runat="server"
                     OnClick="Button1_Click" Text="得到照片文件名" />
10:          <asp:TextBox ID="TextBox2" runat="server"
                     Width="299px"></asp:TextBox>
11:        </div>
12:      </form>
13:    </body>
14: </html>
```

在上述代码中，第 8 行的文本框用于输入 PhotoID，第 9 行设置的按钮用于用户实现单击，第 10 行则显示查询后的图片文件名称。

2. 查询页面 Default.aspx 的后置代码

在查询页面 Default.aspx 的后置代码中，使用 ADO.NET 技术编写了访问数据库 Photos 的代码，其具体实现如代码 3-2 所示。

代码 3-2　Default.aspx 的后置代码

```
 1: public partial class _Default : System.Web.UI.Page
 2: {
 3:
 4:   protected void Button1_Click(object sender, EventArgs e)
 5:   {
 6:     TextBox2.Text=  GetPhoto( Int32.Parse ( TextBox1.Text) );
 7:   }
 8:
 9:   public static String GetPhoto(int photoId)
10:   {
11:     SqlConnection connection = new SqlConnection(ConfigurationManager.
          ConnectionStrings["Personal"].ConnectionString);
12:     string sql= " SELECT TOP 1 [OriginalFileName] FROM [Photos] LEFT JOIN"+
          " [Albums] ON [Albums].[AlbumID] = [Photos].[AlbumID] " +
          "  WHERE [PhotoID] = @PhotoID AND ([Albums].[IsPublic] " +
          " = @IsPublic OR [Albums].[IsPublic] = 1) ";
13:
14:     SqlCommand command = new SqlCommand(sql, connection);
15:
16:     command.Parameters.Add(new SqlParameter("@PhotoID", photoId));
17:     bool filter = IsPublic();
18:     command.Parameters.Add(new SqlParameter("@IsPublic", filter));
19:
20:     connection.Open();
21:     object result = command.ExecuteScalar();
22:     try
23:     {
24:       return ((string)result);
25:     }
26:     catch
27:     {
```

```
28:        return null;
29:      }
30:
31:  }
32:
33:  public static bool IsPublic()
34:  {
35:    return !(HttpContext.Current.User.IsInRole("Friends") ||
              HttpContext.Current.User.IsInRole("Administrators"));
36:  }
37: }
```

在上述代码中，第 4 行到第 7 行是用户单击按钮后的实现代码，其中通过 Int32 类中的 Parse()方法，将输入文本框中的数字字符串转换成数字类型，然后调用 GetPhoto()方法，获得查询数据表 Photos 之后的结果。

在 GetPhoto()方法中，使用 ADO.NET 技术实现了数据表 Photos 的查询。一般来说，这种需要三个步骤来实现，第一是获得一个数据库连接 SqlConnection，第二是设置 SqlCommand，第三是处理结果 result。

第 11 行通过 ConfigurationManager 类读取 Web.config 文件中所设置数据库 Personal 的数据库连接字符串，而不是直接硬编码数据库连接字符串，这样即使修改数据库，只需要在 Web.config 文件中修改，而上述代码不需要改变。

第 12 行构造 SQL 查询字符串，其中查询结果就是 OriginalFileName，该查询构造了条件语句，即只有被公开的照片才能被查询。

第 14 行构造 SqlCommand 对象，第 16 行、18 行设置了查询语句中的查询参数。需要说明的是，当查询语句中含有参数时，需要通过这种方法来设置查询参数，不能直接对查询参数赋值，否则会导致数据库不安全。

第 20 行打开数据的连接，并在第 21 行实现数据库的查询，得到查询结果；第 24 行处理获得的结果。

第 33 行到第 36 行获得当前用户的角色是否是 Friends 或者 Administrators，只有这两类角色的用户才能访问非公开的照片。

运行查询数据表 Photos 网站，如图 3-7 所示。

在图 3-7 中，在第 1 个文本框中输入 photoID 为 31，然后单击"得到照片文件名"，即可在下面的文本框中输出"海边美景.jpg"，如图 3-8 所示。

图 3-7　查询 Photos 数据表

图 3-8　查询 Photos 数据表结果

3.2.3　查询 Albums 数据表

对于数据表 Albums 来说，当用户输入 AlbumID 的时候，需要查询得到该相册中所对应的第一张照片的文件名称（OriginalFileName）。

1.　查询页面 Default.aspx

在查询页面 Default.aspx 中，当用户输入 AlbumID 之后，单击"得到相册中第一张照片文件名"，就可以在后面的文本框中得到查询的照片文件名称。

该页面的实现如代码 3-3 所示。

代码 3-3　Default.aspx 页面的代码

```
 1: <html xmlns="http://www.w3.org/1999/xhtml" >
 2:   <head runat="server">
 3:     <title>无标题页</title>
 4:   </head>
 5:   <body>
 6:     <form id="form1" runat="server">
 7:       <div>
 8:         <asp:TextBox ID="TextBox1" runat="server"></asp:TextBox>
 9:         <asp:Button ID="Button1" runat="server"
                  OnClick="Button1_Click" Text="得到相册中第一张照片文件名" />
10:         <asp:TextBox ID="TextBox2" runat="server"
                  Width="299px"></asp:TextBox>
11:       </div>
12:     </form>
13:   </body>
14: </html>
```

上述代码与代码 2-1 类似，这里不再重复。

2.　查询页面 Default.aspx 的后置代码

在查询页面 Default.aspx 的后置代码中，同样使用了 ADO.NET 技术，编写了访问数据库 Albums 的代码，其具体实现如代码 3-4 所示。

代码 3-4　Default.aspx 的后置代码

```
 1: public partial class _Default : System.Web.UI.Page
 2: {
 3:
 4:   protected void Button1_Click(object sender, EventArgs e)
 5:   {
 6:     TextBox2.Text=  GetFirstPhoto( Int32.Parse ( TextBox1.Text) );
 7:   }
 8:
 9:   public static String GetFirstPhoto(int albumId)
```

```
10:  {
11:     SqlConnection connection = new SqlConnection(ConfigurationManager.
            ConnectionStrings["Personal"].ConnectionString);
12:     string sql = " SELECT TOP 1 [OriginalFileName] FROM [Photos] "+
            "LEFT JOIN [Albums] ON [Albums].[AlbumID] = [Photos].[AlbumID] " +
            " WHERE [Albums].[AlbumID] = @AlbumID AND " +
            "([Albums].[IsPublic] = @IsPublic OR [Albums].[IsPublic] = 1) ";
13:
14:     SqlCommand command = new SqlCommand(sql, connection);
15:
16:     command.Parameters.Add(new SqlParameter("@AlbumID", albumId));
17:     bool filter = IsPublic();
18:     command.Parameters.Add(new SqlParameter("@IsPublic", filter));
19:     connection.Open();
20:     object result = command.ExecuteScalar();
21:     try
22:     {
23:       return (string)result;
24:     }
25:     catch
26:     {
27:       return null;
28:     }
29:  }
30:
31:  public static bool IsPublic()
32:  {
33:     return !(HttpContext.Current.User.IsInRole("Friends") ||
            HttpContext.Current.User.IsInRole("Administrators"));
34:  }
35: }
```

在上述代码中，第 4 行到第 7 行是用户单击按钮后的实现代码，第 9 行到第 29 行的 GetFirstPhoto() 方法实现了查询 Albums 数据表。

运行查询数据表 Albums 网站，如图 3-9 所示。

在图 3-9 中，在第 1 个文本框中输入 AlbumID 为 1，然后单击"得到相册中第一张照片文件名"，即可在下面的文本框中输出"海边美景.jpg"，如图 3-10 所示。

图 3-9　查询 Albums 数据表

图 3-10　查询 Albums 数据表结果

3.2.4　新建自定义 HTTP 处理程序

所谓自定义 HTTP 处理程序，就是这种特殊的 HTTP 处理程序必须实现接口 System.Web. IHttpHandler。

在实现接口 IHttpHandler 时，必须做两件事，一件事是设置 IsReusable 属性，另一件事是实现 ProcessRequest()方法。

1.　创建自定义 HTTP 处理程序

在 Visual Studio 2005 中，在"解决方案资源管理器"窗格中，右键单击网站名称"Http 处理程序"目录，在弹出的快捷菜单中选择"添加新项"命令，打开如图 3-11 所示的对话框。

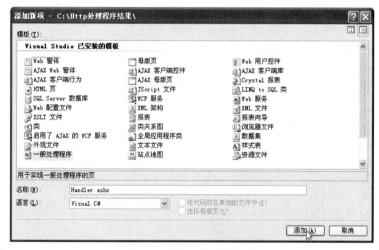

图 3-11　添加一般处理程序

在上述的添加一般处理程序对话框中，也就是自定义 HTTP 处理程序对话框中，设置该处理程序的名称为"Handler.ashx"，然后单击"添加"按钮，开发工具就可以生成一个 HTTP 处理程序的基本框架。

2.　解读自定义 HTTP 处理程序

根据显示图片程序的功能需求，开发者需要书写具体的自定义 HTTP 处理程序，这里 Handler 类的 UML 类图被设计为如图 3-12 所示。

在图 3-12 中，首先需要设置 IsReusable 属性，并实现 ProcessRequest()方法，这是接口 IHttpHandler 中所定义的。该类的程序入口就是 ProcessRequest()方法。

图 3-12　Handler 类的 UML 类图

为方便类的设计，这里还定义了 4 个方法，分别是 GetFirstPhoto()方法、GetPath()方法、GetPhoto()方法以及 IsFriend()方法。

Handler 处理程序的实现代码如代码 3-5 所示。

代码 3-5　自定义 HTTP 处理程序 Handler 的代码

```
1: using System;
2: using System.IO;
3: using System.Web;
4: using System.Configuration;
5: using System.Data;
6: using System.Data.SqlClient;
7:
8: public class Handler : IHttpHandler
9: {
10:  public bool IsReusable
11:  {
12:   get {
13:     return true;
14:    }
15: }
16:
17:  public void ProcessRequest (HttpContext context)
18:  {
19:    context.Response.ContentType = "image/jpeg";
20:
21:
22:    PhotoSize size;
23:
24:    switch (context.Request.QueryString["Size"])
25:    {
26:     case "S":
27:      size = PhotoSize.Small;
28:      break;
29:     case "M":
30:      size = PhotoSize.Medium;
31:      break;
32:     case "L":
33:      size = PhotoSize.Large;
34:      break;
35:     default:
36:      size = PhotoSize.Original;
37:      break;
38:    }
39:
40:    Int32 id = -1;
41:    Stream stream = null;
42:    String path=null;
43:    if (context.Request.QueryString["PhotoID"] != null &&
           context.Request.QueryString["PhotoID"] != "")
44:    {
45:     id = Convert.ToInt32(context.Request.QueryString["PhotoID"]);
46:     path = GetPhoto(id, size);
47:    }
48:    else if (context.Request.QueryString["AlbumID"] != null &&
```

```
                context.Request.QueryString["AlbumID"] != "")
49:    {
50:       id = Convert.ToInt32(context.Request.QueryString["AlbumID"]);
51:       path= GetFirstPhoto(id, size);
52:    }
53:
54:    if (!path.Contains (".jpg"))
55:       path = GetPhoto(size);
56:
57:    stream = new FileStream(path, FileMode.Open, FileAccess.Read,
                              FileShare.Read);
58:
59:    const int buffersize = 1024 * 16;
60:    byte[] buffer = new byte[buffersize];
61:    int count = stream.Read(buffer, 0, buffersize);
62:    while (count > 0)
63:    {
64:      context.Response.OutputStream.Write(buffer, 0, count);
65:      count = stream.Read(buffer, 0, buffersize);
66:    }
67:  }
68:
69:  public static String GetPhoto(int photoId)
70:  {
71:    SqlConnection connection = new SqlConnection(ConfigurationManager.
          ConnectionStrings["Personal"].ConnectionString);
72:    string sql= " SELECT TOP 1 [OriginalFileName] FROM [Photos]" +
        " LEFT JOIN [Albums] ON [Albums].[AlbumID] = [Photos].[AlbumID] " +
        "  WHERE [PhotoID] = @PhotoID AND " +
        "([Albums].[IsPublic] = @IsPublic OR [Albums].[IsPublic] = 1) ";
73:
74:    SqlCommand command = new SqlCommand(sql, connection);
75:
76:    command.Parameters.Add(new SqlParameter("@PhotoID", photoId ));
77:    bool filter = IsPublic ();
78:    command.Parameters.Add(new SqlParameter("@IsPublic", filter));
79:    connection.Open();
80:    object result = command.ExecuteScalar();
81:    try
82:    {
83:      return ((string)result);
84:    }
85:    catch
86:    {
87:      return null;
88:    }
89:
90:  }
91:
92:  public static String GetFirstPhoto(int albumId)
```

```
93:    {
94:        SqlConnection connection = new SqlConnection(ConfigurationManager.
              ConnectionStrings["Personal"].ConnectionString);
95:
96:        string sql= " SELECT TOP 1 [OriginalFileName] FROM [Photos] "+
              " LEFT JOIN [Albums] ON [Albums].[AlbumID] = [Photos].[AlbumID] " +
              " WHERE [Albums].[AlbumID] = @AlbumID AND "+
              "([Albums].[IsPublic] = @IsPublic OR [Albums].[IsPublic] = 1) ";
97:
98:        SqlCommand command = new SqlCommand(sql, connection);
99:
100:       command.Parameters.Add(new SqlParameter("@AlbumID", albumId));
101:       bool filter = IsPublic ();
102:       command.Parameters.Add(new SqlParameter("@IsPublic", filter));
103:       connection.Open();
104:       object result = command.ExecuteScalar();
105:       try
106:       {
107:          return (string)result;
108:       }
109:       catch
110:       {
111:          return null;
112:       }
113:    }
114:
115:    public static String GetPhoto(PhotoSize size)
116:    {
117:       string path = HttpContext.Current.Server.MapPath("~/Images/");
118:       switch (size)
119:       {
120:         case PhotoSize.Small:
121:            path += "placeholder-100.jpg";
122:            break;
123:         case PhotoSize.Medium:
124:            path += "placeholder-200.jpg";
125:            break;
126:         case PhotoSize.Large:
127:            path += "placeholder-600.jpg";
128:            break;
129:         default:
130:            path += "placeholder-600.jpg";
131:            break;
132:       }
133:       return path;
134:    }
135:
136:    static private string GetPath(string path, PhotoSize size)
137:    {
138:       switch (size)
```

```
139:    {
140:      case PhotoSize.Large:
141:        path = "Large/"+path ;
142:        break;
143:      case PhotoSize.Original:
144:        break;
145:      case PhotoSize.Small:
146:        path = "Small/" + path;
147:        break;
148:      default:
149:        path = "Medium/" + path;
150:        break;
151:    }
152:
153:    if (path !=null)
154:      path= HttpContext.Current.Server.MapPath("~/Images/")+path;
155:
156:    return path;
157:  }
158:
159: public static bool IsFriend()
160: {
161:    return HttpContext.Current.User.IsInRole("Friends") ||
               HttpContext.Current.User.IsInRole("Administrators");
162: }
163: }
```

在上述代码中，HTTP 处理程序的主要程序入口是 ProcessRequest()方法（代码 17 到 67 行），执行该类，就是执行该 ProcessRequest()方法。

在 ProcessRequest()方法中，其核心功能是代码第 57 行到 66 行，打开指定图片文件路径的数据流，并将该图片以数据流的方式输出到相关被调用页面的指定位置。

为得到指定图片文件路径以及指定的图片大小参数，需要通过 HTTP 方法传输图片大小参数 Size（代码第 24 行），从而通过第 24 行到 38 行的条件语句设置图片的枚举 PhotoSize 参数；第 43 行获得指定图片编号 PhotoID，从而在第 46 行获得指定图片编号 PhotoID 以及指定图片大小的图片的存放路径，这里调用了第 69 行到 90 行的 GetPhoto()方法。

GetPhoto()方法封装了获得指定图片编号 PhotoID 和图片大小的图片存放路径，第 94 行新建一个数据库连接对象；第 96 行构造查询的 SQL 语句；第 98 行构造 SqlCommand 对象；第 100 行、102 行设置 SQL 语句中的参数，第 104 行查询数据；第 107 行处理查询结果。

GetFirstPhoto()方法封装了获得指定相册编号 AlbumID 中的第一张图片，以及指定该图片大小的图片存放路径。

第 54 行用于判断是否得到了图片的存放路径，如果没有，则说明或者没有指定图片编号 PhotoID、或者没有指定相册编号 AlbumID，或者指定了相册编号但该相册中没有任何图片，此时就会通过第 55 行调用 GetPhoto()方法（代码 115 到 134 行），根据不同的图片大小参数读取默认的图片路径。

159 行到 162 行所定义的 IsFriend()方法主要实现检测当前登录用户所具有的角色，只有管理员角色 Administrators 或者朋友角色 Friends，才能浏览非公开的相册照片。

3.2.5 显示图片

为测试显示图片的 HTTP 处理程序 Handler.ashx，打开"Http 处理程序"网站，并运行该网站，如图 3-13 所示。

1. 显示指定的图片

在图 3-13 所示的浏览器地址中，将正在运行的网站地址

http://localhost:1191/Http 处理程序结果/Default.aspx

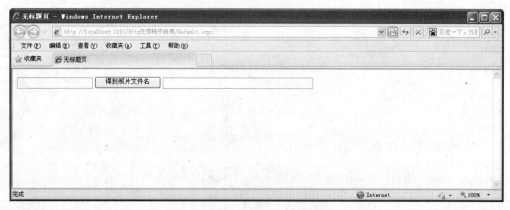

图 3-13　运行 HTTP 处理程序网站

修改为：

http://localhost:1191/Http 处理程序结果/Handler.ashx?photoId=31

再次运行，此时的网站运行结果如图 3-14 所示。

图 3-14　测试 Handler.ashx?photoId=31

从图 3-14 中可以看出，自定义的 HTTP 程序 Handler.ashx，可以在其后传递指定的 PhotoId，此时会获得指定编号的原始大小图片，也就是大号照片；如果将浏览器中的地址修改为

http://localhost:1191/Http 处理程序结果/Handler.ashx?photoId=31&size=S

再次运行，此时的网站运行结果如图 3-15 所示，此时的照片大小为小号照片。

图 3-15　测试 Handler.ashx?photoId=31&size=S

如果将浏览器中的地址修改为

http://localhost:1191/Http 处理程序结果/Handler.ashx?photoId=31&size=M

再次运行，运行结果如图 3-16 所示。

图 3-16　测试 Handler.ashx?photoId=31&size=M

2. 显示指定的相册

如果将浏览器中的地址修改为

http://localhost:1191/Http 处理程序结果/Handler.ashx?AlbumID=5&size=M

此时的网站运行结果如图 3-17 所示，此时显示的相册中的第一张照片大小为中号照片。

图 3-17　测试 Handler.ashx?AlbumID=5&size=M

3.3　任务小结

下面对如何实现显示图片这一工作任务作一个小结。

- 新建数据库：介绍了如何根据项目化教程网站的功能需求，设计相关的数据库，以便存储相册以及照片的存放路径信息。
- 自定义 HTTP 处理程序：介绍了基于图片的存放目录结构，创建 LINQ to SQL 应用，书写自定义 HTTP 处理程序，实现显示图片的功能。

3.4　思考题

1. 新建一个数据库，用于显示图片的存放路径、图片标题、拍摄日期信息。

2. 将数码相机或者手机拍摄的多个照片存放在指定目录中，利用上一思考题所建立的数据库，书写自定义 HTTP 处理程序，显示这些照片。

3.5 工作任务评测单

学习情境 2	网站开发	班级	
任务 3	显示图片	小组成员	
任务描述	在显示图片任务中，说明如何新建数据库，以便存储相册以及照片的存放路径信息；然后介绍如何通过自定义 HTTP 处理程序，实现显示相册、显示指定照片和照片大小等基本功能		
任务分析	新建数据库： 自定义 HTTP 处理程序：		
任务实施	实施步骤（并回答思考题）。 1. 新建数据库： 2. 自定义 HTTP 处理程序：		
工作评价	小组自评	分数：	签名：　　　年　月　日
	小组互评	分数：	签名：　　　年　月　日
	教师评价	分数：	签名：　　　年　月　日

显示相册

任务目标

- 使用 SqlDataSource 控件。
- 显示相册内容。
- 显示某相册的所有照片。
- 显示某张照片。
- 下载某张照片。

在项目化教程网站中，显示相册是其中非常重要的功能。在显示相册任务中，首先介绍如何使用 SqlDataSource 控件，然后分别实现显示相册内容、显示相册中的所有照片、显示某张照片和下载某张照片。

4.1 实训 1——显示相册内容

显示相册内容是页面 Albums.aspx 的主要功能。在页面 Albums.aspx 中，以表格的形式显示每一相册的一张照片，每行显示两个相册的照片，该照片显示的是该相册中的第一张照片，并分别在该图片的下方显示该相册的标题，以及该相册中所包括的相片数量，其运行界面如图 4-1 所示。

在 Visual Studio 2005 中，封装了一些数据源控件和数据访问控件。这些数据源控件允许使用不同类型的数据源，如数据库、XML 文件或中间层业务对象。通过数据源控件可以连接到数据源，从而使得数据访问控件可以绑定到数据源控件，进而绑定到数据源。通过使用这些功能强大的控件，不再需要编写 ADO.NET 数据访问代码，甚至不必编写任何代码就可以完成数据库中的数据显示、编辑、添加、删除等操作。

图 4-1　Albums.aspx 的运行页面

这些数据源控件包括以下 5 种。

- SqlDataSource：该数据源控件功能强大，它不仅允许连接 Microsoft SQL Server 数据库，还可以连接 OLE DB、ODBC 或 Oracle 等形式的数据库，并且支持排序、筛选和分页等功能。

- AccessDataSource：该数据源控件将 Microsoft Access 数据库作为数据源。

- ObjectDataSource：该数据源控件通过将业务对象或其他类作为数据源，可以比较容易地创建多层架构的数据管理 Web 应用程序，将在第 14 章中详细分析该控件的使用。

- XmlDataSource：该数据源控件将 XML 文件作为数据源，特别适用于分层的 ASP.NET 服务器控件，如 Menu 等导航控件。

- SiteMapDataSource：该数据源控件主要与 ASP.NET 站点导航控件，如 SiteMapPath 等结合使用，将在任务 6 中详细分析该控件的使用。

Visual Studio 2005 中的数据访问控件包括以下 5 种。

- GridView：该控件是 ASP.NET 早期版本中提供的 DataGrid 控件被改进后形成的控件。GridView 控件以表的形式显示数据，并提供对列进行排序、翻阅数据以及编辑或删除单个记录的功能。

- DataList：该控件以表的形式呈现数据，通过该控件，可以使用不同的布局来显示数据记录，如将数据记录排成列或行的形式；通过简单的代码，还可以对 DataList 控件进行设置，使用户能够编辑或删除表中的记录。

- DetailsView：该控件一次呈现一条表格形式的记录，并提供翻阅多条记录以及插入、更新和删除记录的功能。DetailsView 控件通常用于主、从两个数据表格的详细信息方案中，在这种方案中，主控件（如 GridView 控件）中的所选记录决定了从控件 DetailsView 控件中被显示的记录。

- FormView：该控件每次呈现数据源中的一条记录，并提供翻阅多条记录以及插入、更新和删除记录的功能。FormView 控件可以通过该控件中的模板技术来自定义自己的数据显示方式。

- Repeater：Repeater 控件使用数据源返回的一组记录呈现只读列表。

4.1.1　用 SqlDataSource 连接数据库

SqlDataSource 不仅可以连接 SQL Server 的数据源控件，同时支持 2000 版本和 2005 版本，还可以连接 OLE DB、ODBC 或 Oracle 等数据库。

下面通过 SqlDataSource 数据源控件来连接前面所建立的 Personal 数据库。

1. 拖放 SqlDataSource 控件

用 Visual Studio 2005 打开配套光盘"任务 4"目录中的显示相册，在如图 4-2 所示的设计界面中，用鼠标单击左边控件工具箱中 Data 控件组下面的 SqlDataSource，并将其拖放到 Albums.aspx 页面的下方，然后单击 SqlDataSource 右上方智能化任务菜单中的"配置数据源"命令来设置数据源。

图 4-2　拖放 SqlDataSource 控件

2. 选择连接数据库字符串

在如图 4-3 所示的界面中，单击下拉列表框右边的向下箭头，选择"App_Data"文件夹中的数据库"Personal.mdf"，此时还可单击下拉列表框下方的"连接字符串"展开按钮，马上查看该连接字符串所包含的内容。

3. 构造 SQL 语句

在图 4-3 中单击"下一步"按钮，打开如图 4-4 所示的保存连接字符串界面，选中"是，将此连接另存为"，然后单击"下一步"按钮，打开如图 4-5 所示的配置 Select 语句界面，其中有两种方式配置 SQL 语句。

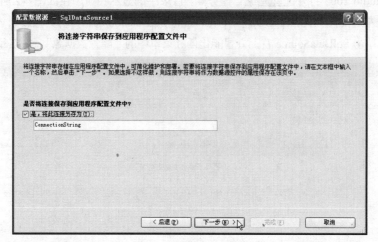

图 4-3　SqlDataSource 的连接字符串设置

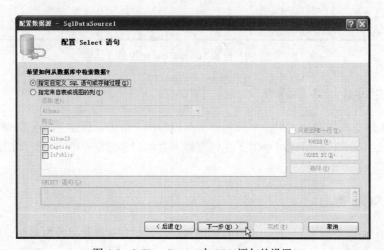

图 4-4　保存连接字符串

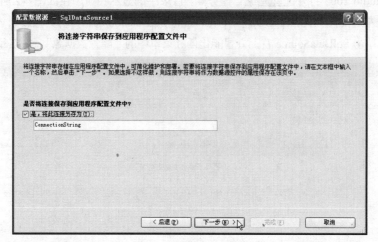

图 4-5　SqlDataSource 中 SQL 语句的设置

一种方式是选择"指定来自表或视图的列"，通过完全的鼠标操作，不需书写任何代码，产生所需要的 SQL 语句，不过该种方法的局限性在于每次只能操作一个表或一个视图，比较难生成有关多个表操作的 SQL 语句。

另一种方式是"指定自定义 SQL 语句或者存储过程"，通过这种方法，既可以通过鼠标操作，产生复杂的多个表操作的 SQL 语句，也可以直接输入事先准备好的 SQL 语句，还可以产生执行存储过程所需要的 SQL 语句。

下面说明如何通过后一种方式，直接输入事先准备好的 SQL 语句。

在图 4-5 中，单击"下一步"按钮，打开如图 4-6 所示的"定义自定义语句或者存储过程"界面。

在图 4-6 中，在 SQL 语句下方的文本框中，直接输入 SQL 语句（配套光盘"任务 4"目录中的 SQL 文件），如图 4-7 所示。

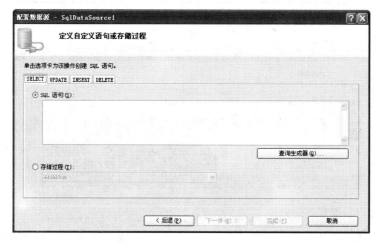

图 4-6　定义自定义语句或者存储过程

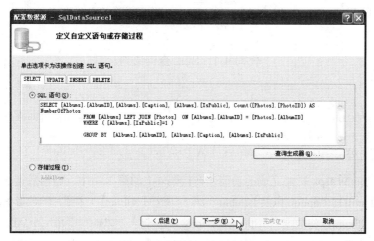

图 4-7　直接输入 SQL 语句

在图 4-7 中，单击"下一步"按钮，打开如图 4-8 所示的测试查询界面，单击其中的"测试查询"按钮，出现如图 4-9 所示的测试查询结果界面。

在图 4-9 中，单击"完成"按钮，即可完成对 SqlDataSource 连接数据库的设置。

代码 4-1 是设置后的 SQL 查询语句。

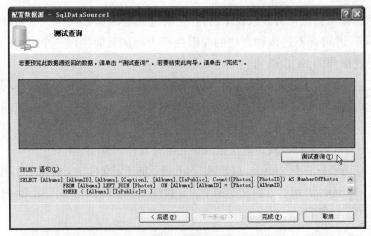

图 4-8　测试查询

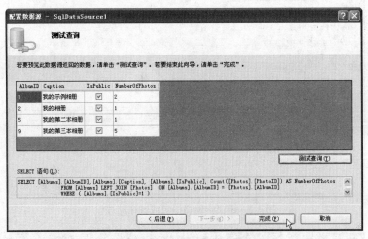

图 4-9　测试查询结果

代码 4-1　SQL 查询语句

```
1: SELECT [Albums].[AlbumID],[Albums].[Caption], [Albums].[IsPublic],
2:        Count([Photos].[PhotoID]) AS NumberOfPhotos
3:   FROM [Albums] LEFT JOIN [Photos] ON [Albums].[AlbumID] =[Photos].[AlbumID]
4:   WHERE   [Albums].[IsPublic] = 1
5:   GROUP BY  [Albums].[AlbumID], [Albums].[Caption], [Albums].[IsPublic]
```

根据页面 Albums.aspx 所要完成的功能，在代码 4-1 的第 1 句中，返回数据表 Albums 中的 3 个字段内容：AlbumID、Caption 以及 IsPublic；第 2 句返回 AlbumID 中图片的数量 NumberOfPhotos；第 3 句通过字段 AlbumID 将数据表 Albums、Photos 关联起来，以便获得每一个 AlbumID 中 PhotoID 的数量；第 4 句设置了只有 IsPublic 属性为真时相册才显示；最后一句完成数据的顺序分组。

4. SqlDataSource 数据源的设置

完成 SqlDataSource 的各种设置后，查看 Albums.aspx 页面，所生成的 SqlDataSource 控件代码如代码 4-2 所示。

代码 4-2　SqlDataSource 数据源的设置

```
 1: <asp:SqlDataSource ID="SqlDataSource1" runat="server"
 2:         ConnectionString="<%$ ConnectionStrings:Personal %>"
 3:   SelectCommand="SELECT [Albums].[AlbumID],[Albums].[Caption],
 4:         [Albums].[IsPublic], Count([Photos].[PhotoID]) AS NumberOfPhotos
 5:      FROM [Albums] LEFT JOIN [Photos] ON
 6:         [Albums].[AlbumID] = [Photos].[AlbumID]
 7:      WHERE   [Albums].[IsPublic] = 1
 8:      GROUP BY  [Albums].[AlbumID],
 9:         [Albums].[Caption], [Albums].[IsPublic]">
10: </asp:SqlDataSource>
```

比较代码 4-1 和代码 4-2 可以发现，代码 4-2 中的第 3 句到第 9 句 SelectCommand 语句的内容，就是代码 4-1 中的 SQL 语句；代码 4-2 中的第 2 句就是连接数据库字符串。

上面讲述的是设置 SqlDataSource 控件的可视化设计步骤，其最后的结果就是产生如代码 4-2 所示的代码，实际上其中的代码并不复杂，随着对 SqlDataSource 等数据源控件的不断熟悉，以后开发者可以直接在页面上全部或部分写出如上代码。

4.1.2　用 DataList 显示相册内容

DataList 控件以表格的形式显示数据，并且支持对数据的选择、编辑等操作，在使用 DataList 控件时，必须至少使用一次 DataList 控件中的项目模板（ItemTemplate）。通过项目模板，可以对 DataList 中的显示内容、布局和外观进行设置。

在完成了前面 SqlDataSource 控件的各种设置后，下面利用 DataList 控件来显示相册内容。

1．拖放 DataList 控件

在如图 4-10 所示的窗口中，用鼠标单击工具栏中"数据"控件组下面的 DataList 控件，并将其拖放到 Albums.aspx 页面中，然后单击 DataList 智能化任务菜单中的"选择数据源"，打开如图 4-11 所示的界面，来设置 DataList 控件的一些主要属性。

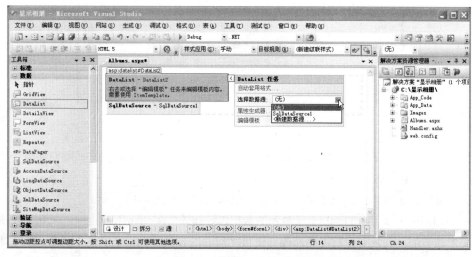

图 4-10　拖放 DataList 控件

图 4-11　设置 DataList 控件

2. 设置 DataList 控件

在图 4-11 中，选择前面已经设置好的数据源——SqlDataSource1，然后在 Visual Studio 2005 右下方的属性窗口中设置 DataList 属性，将 RepeatColumn 设置为 2，表示数据显示为 2 列；将 RepeatDirection 设置为 Horizontal，表示数据以水平方式平铺。

此时，如果运行上述页面，运行结果如图 4-12 所示。

图 4-12　运行结果

比较图 4-12 与图 4-1 后我们发现，上述运行结果不是我们所需要的，我们还需要个性化 DataList 的设置，以便达到图 4-1 所需要的效果。

在 Visual Studio 2005 中，查看 Albums.aspx 页面的源，如图 4-13 所示。

从图 4-13 中可以看出，DataList 所显示的数据内容被嵌入在<ItemTemplate>…</ItemTemplate> 之间，要修改被显示的数据，就需要修改项模板之间的内容，首先将上述图中的第 16 行到第 29 行之间的内容全部删除，然后用代码 4-3 中内容替换。

图 4-13　查看 Albums.aspx 页面的源

代码 4-3　DataList 的设置

```
 1: <table>
 2:   <tr>
 3:     <td style="width: 100px">
 4:       <a href='Photos.aspx?AlbumID=<%# Eval("AlbumID") %>' >
         <img  src="Handler.ashx?AlbumID=<%# Eval("AlbumID") %>&Size=M"
             class="photo_198"  style="border:4px solid white"
            alt='Sample Photo from Album Number <%# Eval("AlbumID") %>'  />
 5:     </a>
 6:   </td>
 7:   </tr>
 8: </table>
 9: <br /><br />
10: <h4><a href="Photos.aspx?AlbumID=<%# Eval("AlbumID") %>">
         <%#  Server.HtmlEncode(Eval("Caption").ToString()) %></a></h4>
11: <%# Eval("NumberOfPhotos")%> 张照片
12: <br /><br />
```

在上述代码中，最关键的代码是第 4 行，调用了前面所完成的 Handler.ashx，用来显示相册中的照片，也就是每个相册中的第一张照片。

此时，再次运行 Albums.aspx 页面，其运行结果就会达到如图 4-1 所示的效果。

4.2　实训 2——显示相册中的所有照片

显示某一相册中的所有照片是页面 Photos.aspx 的主要功能。在运行页面 photos.aspx 时，还需要传递一个整型的参数 AlbumID，以便页面 photos.aspx 选择显示指定相册中的所有照片。

在 photos.aspx 页面中，以表格的方式显示照片，每行以水平方式显示四张照片，并分别在该照片的下方显示该照片的标题；单击该照片，将链接到 Details.aspx 页面，在整个照片显示区的上方和下方，有一个链接地址可以返回 Albums.aspx 页面。

photos.aspx 页面如图 4-14 所示。上述功能的实现主要是利用 SqlDataSource 控件来连接数据源，用 DataList 控件来显示照片。

图 4-14　Photos.aspx 的运行页面

4.2.1　用 SqlDataSource 连接数据库

与实训 1 类似，用 SqlDataSource 连接数据库，首先需要将 SqlDataSource 控件拖放到 Photos.aspx 页面上的下方，然后单击 SqlDataSource 右上方智能化任务菜单中的"配置数据源"来设置数据源，选择连接数据库字符串"Personal"，这里不再重复，下面重点说明如何构造带输入参数的 SQL 语句和测试带输入参数的 SQL 语句。

1. 构造带输入参数的 SQL 语句

根据需求，在构造 SQL 语句时，需要在 SQL 语句中设置输入参数@Album，以便返回指定相册的照片等信息。

在图 4-15 中输入事先准备好的带输入参数的 SQL 语句，如代码 4-4 中所示。

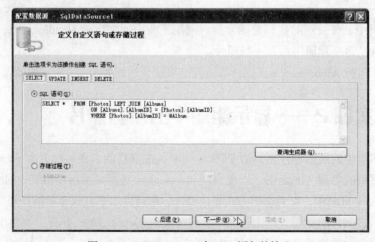

图 4-15　SqlDataSource 中 SQL 语句的输入

代码 4-4 带输入参数的 SQL 查询语句的设置

```
1: SELECT *
2: FROM [Photos] LEFT JOIN [Albums] ON [Albums].[AlbumID] = [Photos].[AlbumID]
3: WHERE [Photos].[AlbumID] = @Album  AND ([Albums].[IsPublic] = 1)
```

要返回指定相册 AlbumID 中所包含的照片信息，这里主要查询 Photos 数据表，第 1 句返回 Photos 数据表中的所有照片信息，如照片、标题等；第 3 句是查询的条件，即输入的 AlbumID 信息@Album，以及该相册是否具有公开的属性，即是否任何浏览者均可查看；第 2 句是为了满足在两个数据表 Photos 以及 Albums 中的查询条件，将两个数据表中的 AlbumID 字段关联起来。

在图 4-15 中，单击"下一步"按钮，此时 SqlDataSource 控件将会自动识别出该 SQL 语句中包含有输入参数，打开如图 4-16 所示的 SQL 语句参数设置对话框。

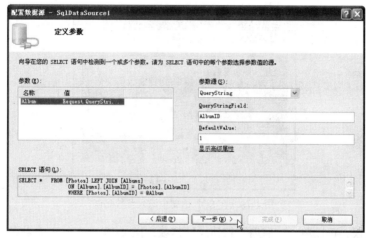

图 4-16 SQL 语句参数设置对话框

在 SQL 语句参数设置对话框中，左边部分将列出 SQL 语句中需要输入的参数，选择需要设置的输入参数，在对话框的右边部分设置该输入参数的来源，即通过什么地方来传递该参数。可以通过 Photos.aspx 页面中的控件"Control"来输入参数 AlbumID，如通过文本框或者下拉列表框等，这里通过 Photos.aspx 页面地址后所传递的参数来输入参数 AlbumID，选择的输入参数来源为"QueryString"，"QueryStringField"为 AlbumID，即运行 Photos.aspx 页面的正确链接地址的形式为 Photos.aspx？AlbumID=1，此时 Photos.aspx 页面将 AlbumID=1 这个参数传递到上述的 SQL 语句中，其查询条件中的@Album 的值为 1。

为避免用户输入形式为 Photos.aspx 的地址，将 AlbumID 的默认值设置为 1，尽管此时没有传递任何参数，SQL 语句中的查询条件@Album 将仍然取值为 1。

2. 测试带输入参数的 SQL 语句

在图 4-16 中，单击"下一步"按钮，打开如图 4-17 所示的"测试查询"对话框，单击其中的"测试查询"按钮，打开如图 4-18 所示的在 SQL 语句中输入参数测试对话框。

在该输入参数测试对话框中，选择正确的类型，如 Int32，以及正确的取值，这里为 1，然后单击"确定"按钮，即可测试带输入参数的 SQL 语句。

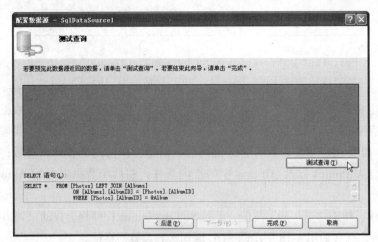

图 4-17　SQL 语句的测试

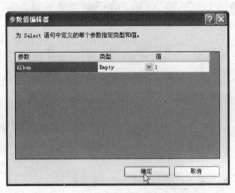

图 4-18　在 SQL 语句中输入参数测试

如果出现错误，可以单击"后退"按钮返回修改；图 4-19 中的输出结果表明该 SQL 语句正确无误，最后单击"完成"按钮，即可完成 SqlDataSource 的各种设置。

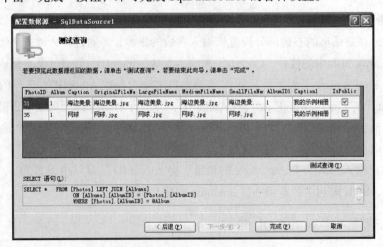

图 4-19　SQL 语句的测试结果

3. 设置 SqlDataSource 数据源

完成上述 SqlDataSource 的各种设置后，查看 Photos.aspx 页面，所生成的 SqlDataSource 控件

代码如代码 4-5 所示。

代码 4-5　SqlDataSource 数据源的设置

```
 1: <asp:SqlDataSource ID="SqlDataSource1" runat="server"
 2:       ConnectionString="<%$ ConnectionStrings:Personal %>"
 3:  SelectCommand="SELECT *  FROM [Photos] LEFT JOIN [Albums]
 4:            ON [Albums].[AlbumID] = [Photos].[AlbumID]
 5:      WHERE [Photos].[AlbumID] = @Album  AND ([Albums].[IsPublic] = 1 )">
 6:  <SelectParameters>
 7:     <asp:QueryStringParameter DefaultValue="1"
 8:           Name="Album" QueryStringField="AlbumID" />
 9:  </SelectParameters>
10: </asp:SqlDataSource>
```

代码 4-5 中的代码并不陌生，因为它与实训 1 中的代码 4-2 基本一样，只是在第 5 句和第 9 句之间的代码有所不同。

第 5 句和第 9 句之间的代码实现了 SQL 语句的参数化输入，其参数化输入设置在语句块 <SelectParameters>…</SelectParameters>之间。了解了这些格式之后，今后就可以很快地写出带输入参数的 SQL 语句。

4.2.2　用 DataList 显示相册中的所有照片

这里同样采用 DataList 控件来显示某一相册中的所有照片，每行显示 4 张照片的信息。

1. 设置 DataList 控件属性

这里通过 Visual Stuido 2005 中右下方的 DataList 属性框来设置 DataList 控件的各种属性。每行为 4 列以水平方式布局，即 repeatColumns 为 4，repeatdirection 设置为 Horizontal；由于相册中多张照片的传输量大，为减轻网络的压力，应将 EnableViewState 设置为 false。

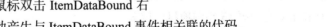

2. 实现 DataList 控件的事件程序

如果相册中没有任何照片，DataList 控件将不会显示任何图片，此时希望给浏览者一个提示。要实现这种需求，需要对 DataList 控件进行事件编程。

在图 4-20 的属性框中，单击"事件"按钮，将会出现 DataList 的各种内置事件，然后用鼠标双击 ItemDataBound 右边的空白下拉列表框，系统就会自动产生与 ItemDataBound 事件相关联的代码。

图 4-20　DataList 控件的事件编程

代码 4-6 是检测相册中没有照片的代码。

代码 4-6　相册中无图片的检测

```
1: protected void DataList1_ItemDataBound(object sender,
                              DataListItemEventArgs e)
2: {
3:   if(e.Item.ItemType == ListItemType.Footer)
```

```
 4:      {
 5:          if(DataList1.Items.Count == 0) Panel1.Visible = true;
 5:      }
 7: }
```

DataList 在绑定的数据显示时，将会触发 DataList1_ItemDataBound 事件，检测 DataList 在输出到页脚 ListItemType.Footer 时 DataList 中显示的数据项目的个数，即 DataList1.Items.Count，如果显示的数据项目为 0，那么说明该相册中暂时还没有照片，因此将一个面板 Panel1 的 Visible 属性设置为 true，从而显示该面板的内容：There are currently no pictures in this album。

面板 Panel1 的代码如代码 4-7 所示，该代码书写在 DataList 的下方，Visible 属性设置为 false，一般情况下不显示任何内容，只有在相册中无图片时，才会显示其中的内容。

代码 4-7　相册中无图片的说明

```
1: <asp:panel id="Panel1" runat="server" visible="false" CssClass="nullpanel">
2: There are currently no pictures in this album.
3: </asp:panel>
```

回到 Photos.aspx 页面，阅读其中的 HTML 代码，最后生成的 DataList 控件代码如代码 4-8 所示。

代码 4-8　DataList 的设置

```
 1: <asp:DataList ID="DataList1" runat="Server" cssclass="view"
 2:      dataSourceID="SqlDataSource1" repeatColumns="4"
 3:      repeatdirection="Horizontal" onitemdatabound="DataList1_ItemDataBound"
 4:      EnableViewState="false">
 5:   <ItemTemplate>
 6:    <table>
 7:     <tr>
 8:      <td><a href='Details.aspx?AlbumID=<%# Eval("AlbumID") %>
                 &Page=<%# Container.ItemIndex %>'>
 9:       <img src="Handler.ashx?PhotoID=<%# Eval("PhotoID") %>
             &Size=S"class="photo_198" style="border:4px solid white"
        alt='Thumbnail of Photo Number <%# Eval("PhotoID") %>' /></a></td>
10:     </tr>
11:    </table>
12:    <p><%# Server.HtmlEncode(Eval("Caption").ToString()) %></p>
13:   </ItemTemplate>
14:   <FooterTemplate>
15:   </FooterTemplate>
16: </asp:DataList>
```

代码 4-8 与实训 1 中的代码 4-3 的结构基本一样，需要注意的地方是，添加了第 14 句和第 15 句后，尽管在其中无任何内容，但这是事件编程所需要检测的内容。同样，照片的显示等布局都包括在第 6 句到第 13 句的项目模板中。

Photos.aspx 页面的运行界面如图 4-14 所示。

4.3　实训 3——显示某张照片

显示某张照片是页面 Details.aspx 的主要功能。在运行页面 Details.aspx 时，需要传递两个参数，一个是整型的参数 AlbumID，说明显示的照片属于哪一个相册；另一个也是整型的参数

Page，说明显示的照片是指定相册中的哪一张。

Details.aspx 页面的运行界面如图 4-21 所示，单击"download this photo"链接，即可打开 Download.aspx 页面。

图 4-21　Details.aspx 的运行界面

要完成上述功能，同样利用了 SqlDataSource 控件来连接数据源，而显示照片的控件采用的是 FormView。

4.3.1　用 SqlDataSource 连接数据库

用 SqlDataSource 连接数据库，其连接方法和 SQL 语句的构造等，与实训 2 中的完全一样，这里不再重复，最后生成的 SqlDataSource 控件代码如代码 4-9 所示。

代码 4-9　SqlDataSource 数据源的设置

```
 1: <asp:SqlDataSource ID="SqlDataSource1" runat="server"
 2:        ConnectionString="<%$ ConnectionStrings:Personal %>"
 3:   SelectCommand="SELECT *  FROM [Photos] LEFT JOIN [Albums]
 4:              ON [Albums].[AlbumID] = [Photos].[AlbumID]
 5:          WHERE [Photos].[AlbumID] = @Album  AND ([Albums].[IsPublic] =1)">
 6:   <SelectParameters>
 7:      <asp:QueryStringParameter DefaultValue="1"
 8:             Name="Album" QueryStringField="AlbumID" />
 9:   </SelectParameters>
10: </asp:SqlDataSource>
```

4.3.2　用 FormView 显示某张照片

这里使用 FormView 控件来显示某张照片。在 Viusal Studio 2005 中，将 FormView 控件从其

左边的工具箱拖放到 Details.aspx 页面中，然后就可以设置其中的一些属性。

1. 设置 FormView 控件属性

这里通过 Viusal Studio 2005 右下方的 FormView 属性框来设置 FormView 控件的各种属性。根据需求，需要分页显示，将 AllowPaging 设置为 true；尽管每次只是显示一张照片，由于相册中的多张照片的传输量大，为减轻网络的压力，应将 EnableViewState 设置为 false。

2. 定义 FormView 控件的项目模板

使用 FormView 控件显示数据的关键，同前面所述的 DataList 控件一样，还是在于定义 FormView 控件中项目模板（ItemTemplate）的内容。

代码 4-10 是对 FormView 空间中项目模板内容的简单设置。

代码 4-10　FormView 的设置

```
1: <asp:formview id="FormView1" runat="server" datasourceid="SqlDataSource1"
        EnableViewState="false" AllowPaging="true">
2: <ItemTemplate>
3:     <img src="Handler.ashx?PhotoID=<%# Eval("PhotoID") %>&Size=L"
            alt='Photo Number <%# Eval("PhotoID") %>' />
4:     <p><a href='Download.aspx?AlbumID=<%# Eval("AlbumID") %>
        &Page=<%# Container.PageIndex %>'>download this photo</a></p>
5: </itemtemplate>
6: </asp:formview>
```

在上述代码中，第 3 行调用 Handler.ashx 处理程序，显示指定的照片；第 4 行则显示下载照片的链接。

3. 解析 Page 参数

前面说过，在运行页面 Details.aspx 时需要传递两个参数：AlbumID 和 Page，AlbumID 被 SqlDataSource 控件解析后，作为 SQL 语句的输入参数。Page 参数是如何解析的呢？

解析 Page 参数需要自己编写相关的代码。编写的代码放在页面的初始化过程中，其具体代码如代码 4-11 所示。

代码 4-11　解析 Page 参数

```
1: void Page_Load(object sender, EventArgs e) {
2:     Page.MaintainScrollPositionOnPostBack = true;
3:         if (!IsPostBack) {
4:             int i = Convert.ToInt32(Request.QueryString["Page"]);
5:             if (i >= 0) FormView1.PageIndex = i;
6:     }
7: }
```

通过第 4 行语句解析 Page 参数，然后通过第 5 行语句设置显示页码为 Page 参数的照片。第 2 行语句是设置页面的保存状态。

此时，再次运行 Details.aspx 页面，就可以基本实现所需要的功能，显示某个相册中的所有照片。

4.4　实训 4——下载某张照片

下载某张照片，就是通过 HTTP 请求得到传递的相册编号 AlbumID 参数以及需要指定的照片 Page 参数，从而在 Download.aspx 页面中显示指定的照片，并让浏览者可以下载该照片到用户端。

在 Details.aspx 页面中，单击照片下面的"Download photos"，打开如图 4-22 所示的 Download.aspx 页面，主要让用户下载照片，该照片的大小为原始尺寸，用鼠标右键单击该照片，在弹出的快捷菜单中，单击"Save Picture As"命令，即可下载该照片。

在具体实现 Download.aspx 页面时，基本上与 Details.aspx 页面类似，只是在 Download.aspx 页面的显示上稍有区别。

代码 4-12 是实现 Download.aspx 页面的 HTML 代码。

图 4-22　Download.aspx 页面

代码 4-12　Download.aspx 页面的 HTML 代码

```
 1: <%@ Page Language="C#" Title="张山| 下载"
       CodeFile="Download.aspx.cs" Inherits="Download_aspx" %>
 2: <html xmlns="http://www.w3.org/1999/xhtml" >
 3: <head runat="server">
 4:  <title>Untitled Page</title>
 5:
 6: </head>
 7: <body>
 8: <form id="form1" runat="server">
 9: <div>
10:  <p>单击鼠标右键后，在弹出的菜单中选择"图片另存为..."以便下载照片。</p>
11:  <asp:formview id="FormView1" runat="server"datasourceid="SqlDataSource1"
```

```
         borderstyle="none" borderwidth="0" CellPadding="0" cellspacing="0">
12:    <itemtemplate>
13:      <img src="Handler.ashx?PhotoID=<%# Eval("PhotoID") %>"
                  alt='照片编号: <%# Eval("PhotoID") %>' /></itemtemplate>
14:  </asp:formview>
15:  <asp:SqlDataSource ID="SqlDataSource1" runat="server"
          ConnectionString="<%$ ConnectionStrings:Personal %>"
16:      SelectCommand="SELECT *  FROM [Photos] LEFT JOIN [Albums]
      ON [Albums].[AlbumID] = [Photos].[AlbumID]
      WHERE [Photos].[AlbumID] = @Album  AND ([Albums].[IsPublic] = 1 )">
17:    <SelectParameters>
18:      <asp:QueryStringParameter DefaultValue="1" Name="Album"
              QueryStringField="AlbumID" />
19:    </SelectParameters>
20:  </asp:SqlDataSource>
21: </div>
22: </form>
23: </body>
24:</html>
```

以上代码主要分为两个部分，第 1 部分是数据源的设置，见第 15 行到第 20 行，其中第 16 行构造了一个查询 SQL 语句，含有一个输入参数 Album，第 18 行设置了输入参数 Album 的来源与页面的传递参数；第 2 部分是数据访问控件的设置，见第 11 行到第 14 行，其中的第 13 行用于显示一张照片。

4.5 任务小结

下面对如何实现页面功能分析这一工作任务作一个小结。

* 显示相册内容：说明了如何使用 SqlDataSource 控件，通过 DataList 控件实现在 Albums.aspx 页面中显示每一相册中所包含的第 1 张照片和其他相关信息。
* 显示相册中的所有照片：说明了如何使用 SqlDataSource 控件，通过 DataList 控件实现在 Photos.aspx 页面中显示指定相册编号的相册所包括的所有照片。
* 显示某张照片：说明了如何使用 SqlDataSource 控件，通过 FormView 控件实现在 Details.aspx 页面中显示指定的照片。
* 下载某张照片：说明了如何使用 SqlDataSource 控件，通过 FormView 控件实现在 Download.aspx 页面中显示指定的照片。

4.6 思考题

1. 使用 SqlDataSource 控件和 GridView 控件，实现显示相册内容的功能。
2. 使用 SqlDataSource 控件和 GridView 控件，实现显示相册中所有照片的功能。
3. 使用 SqlDataSource 控件和 DetailsView 控件，实现显示某张照片的功能。
4. 使用 SqlDataSource 控件和 DetailsView 控件，实现下载某张照片的功能。

4.7 工作任务评测单

学习情境 2	网站开发	班级	
任务 4	显示相册	小组成员	
任务描述	在显示相册任务中，介绍如何使用 SqlDataSource 控件；然后分别实现显示相册内容、显示相册中的所有照片和显示某张照片		
任务分析	使用 SqlDataSource 控件： 显示相册内容： 显示相册中的所有照片： 显示某张照片： 下载某张照片：		
任务实施	实施步骤（并回答思考题）。 1. 使用 SqlDataSource 控件： 2. 显示相册内容： 3. 显示相册中的所有照片： 4. 显示某张照片： 5. 下载某张照片：		
工作评价	小组自评	分数： 签名： 年 月 日	
	小组互评	分数： 签名： 年 月 日	
	教师评价	分数： 签名： 年 月 日	

相册管理

任务目标

- DataList 的高级使用。
- FormView 的高级使用。
- GridView 的使用。

在任务 4 中，基本实现了 3 个页面，分别是主页 Albums.aspx 页面、Photos.aspx 页面以及 Details.aspx 页面。

在本任务中，主要用来实现相册编辑的基本功能，分别是编辑相册内容、编辑相册中的照片以及显示某张照片。通过使用 SqlDataSource 控件来连接所设置的数据源，通过数据访问控件 DataList、FormView 和 GridView 来编辑数据内容，实训 1 主要实现 Admin 目录下 Albums.aspx 页面的功能，用于编辑相册中的内容，如相册的添加、修改和删除等；实训 2 主要实现 Admin 目录下 Photos.aspx 页面的功能，用于编辑某一相册中的照片；实训 3 主要实现 Admin 目录下 Details.aspx 页面的功能，用于显示某张照片。

5.1 实训 1——编辑相册的内容

在 Admin 目录下，Albums.aspx 页面的运行界面如图 5-1 所示。在 Albums.aspx 页面中，其主要功能是实现相册的管理，如相册的添加、相册标题的修改、相册是否公开被浏览属性的修改、相册中照片的添加等功能。

要完成上述功能，这里利用了 SqlDataSource 控件来连接数据源，而相册的编辑等操作则采用的控件是 FormView 以及 GridView。通过使用 FormView 控件实现添加新的相册，通过使用 GridView 控件实现相册的显示、修改和删除。

图 5-1　Admin 中的 Albums.aspx 页面

5.1.1　用 SqlDataSource 连接数据库

用 SqlDataSource 连接数据库，一般需要 3 个步骤。首先拖放 SqlDataSource 控件到相关页面，然后选择数据库连接字符串，最后构造 SQL 语句。

将 SqlDataSource 控件拖放到 Admin 目录下的 Albums.aspx 页面之中，然后单击 SqlDataSource 右上方智能化任务菜单中的"配置数据源"来设置数据源，选择连接数据库字符串"Personal"，并单击"下一步"按钮，就会出现如图 5-2 所示的配置 Select 语句界面。

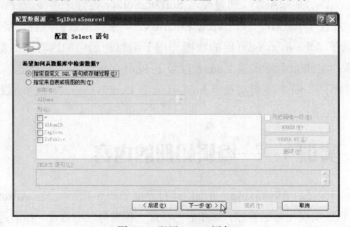

图 5-2　配置 Select 语句

在图 5-2 中，选择"指定自定义 SQL 语句或存储过程"，单击"下一步"按钮，在图 5-3 所示构造 SQL 语句的对话框中，选择选项卡"SELECT"并输入代码 7-1 中的 SQL 查询语句，以便实现对相册中相关内容的显示。

图 5-3 SQL 语句中 SELECT 语句的构造

代码 5-1 SELECT 语句

```
1: SELECT [Albums].[AlbumID], [Albums].[Caption], [Albums].[IsPublic],
2:   Count([Photos].[PhotoID]) AS NumberOfPhotos
3:   FROM [Albums] LEFT JOIN [Photos]
4:     ON [Albums].[AlbumID] = [Photos].[AlbumID]
5:   GROUP BY [Albums].[AlbumID], [Albums].[Caption], [Albums].[IsPublic]
```

该 SQL 查询涉及两个数据表：Albums 数据表以及 Photos 数据表，返回的数据字段有 Albums 数据表中的相册编号 AlbumID、相册标题 Caption 以及相册是否公开的属性值 IsPublic，还有一个计算字段 NumberOfPhotos，用于计算数据表 Photos 中的照片张数，其查询条件为数据表 Photos 中某一相册编号 AlbumID 下的照片，第 5 行是一个分组排序，将查询结果按照上述字段排序。

在前面的相册显示页面实现中，通过数据源控件 SqlDataSource 以及有关数据访问、显示控件，如 DataList、FormView 控件等，从而显示有关数据表中的某些字段，如相册的显示、照片的显示等。

由于在 Albums.aspx 页面中，不仅需要显示相册内容，而且还要添加、修改、删除相册的有关信息，因此不仅需要在数据库中执行 SQL 查询语句，还需要在数据库中执行 SQL 插入语句、SQL 更新语句以及 SQL 删除语句。所以在 SqlDataSource 控件中构造 SQL 语句时，不仅仅像以前那样需要构造 Select 语句，还需要构造 Update、Insert 以及 Delete 语句。

在图 5-4 所示的构造 SQL 语句的对话框中，选择选项卡 "UPDATE" 并输入更新数据库操作的语句，用来修改已经保存在现有数据表中的相册信息，如对相册标题的修改，该相册内容是否可以公开被访问者浏览等。

图 5-4 SQL 语句中 UPDATE 语句的构造

代码 5-2 给出了 UPDATE 语句的具体构造代码。

代码 5-2　UPDATE 语句

```
1: UPDATE [Albums] SET [Caption] = @Caption, [IsPublic] = @IsPublic
2:  WHERE [AlbumID] = @AlbumID
```

该 SQL 更新数据语句比较容易明白：对数据表 Albums 执行 SQL 更新操作，其更新条件是第 2 行，表示对指定相册编号 AlbumID 的数据记录执行修改操作，可以修改该相册编号的标题，以及该相册内容是否可以公开的属性。

在图 5-5 所示的构造 SQL 插入语句的对话框中，选择选项卡 "INSERT" 并输入代码 5-3 中的 SQL 插入数据库操作的语句，用来在现有数据表中添加新的相册信息，包括相册的标题，是否可以被公开访问等。

图 5-5　SQL 语句中 INSERT 语句的构造

代码 5-3　INSERT 语句

```
INSERT INTO [Albums] ([Caption],[IsPublic]) VALUES (@Caption, @IsPublic )
```

该 SQL 插入语句在数据表 Albums 中，插入一条新的数据记录，即添加一本新的相册，包括相册的标题以及是否可以被公开访问的属性。

在图 5-6 所示的构造 SQL 语句的对话框中，选择选项卡 "DELETE" 并输入代码 5-4 中的 SQL 删除数据库操作的语句，用来删除现有的相册内容。

图 5-6　SQL 语句中 DELETE 语句的构造

代码 5-4　DELETE 语句

```
DELETE FROM [Albums] WHERE [AlbumID] = @AlbumID
```

该 SQL 删除语句在数据表 Albums 中删除一条数据记录，即删除指定的相册，其删除条件是指定的相册编号 AlbumID。

完成对 SQL 语句的构造之后，单击"下一步"按钮，在接下来的界面中单击"完成"按钮，即可完成对 SqlDataSource 控件的设置。

设置 SqlDataSource 的代码如代码 5-5 所示。

代码 5-5　设置 SqlDataSource 的代码

```
 1: <asp:SqlDataSource ID="SqlDataSource1" runat="server"
 2:           ConnectionString="<%$ ConnectionStrings:Personal %>"
 3: SelectCommand="SELECT [Albums].[AlbumID],[Albums].[Caption],
 4:      [Albums].[IsPublic], Count([Photos].[PhotoID]) AS NumberOfPhotos
 5:    FROM [Albums] LEFT JOIN [Photos]  ON
 6:    [Albums].[AlbumID] = [Photos].[AlbumID]
 7:    GROUP BY [Albums].[AlbumID], [Albums].[Caption], [Albums].[IsPublic]"
 8: InsertCommand="INSERT INTO [Albums] ([Caption],[IsPublic])
 9:               VALUES (@Caption, @IsPublic )"
10: DeleteCommand="DELETE FROM [Albums] WHERE [AlbumID] = @AlbumID"
11: UpdateCommand="UPDATE [Albums] SET [Caption] = @Caption,
12:               [IsPublic] = @IsPublic WHERE [AlbumID] = @AlbumID">
13: </asp:SqlDataSource>
```

在以上的 SqlDataSource 控件设置中，根据页面的功能需求，分别构造了 4 个 SQL 语句，它们是第 3 行到第 7 行的 SQL 查询语句，用来返回所有相册的有关信息；第 8 行和第 9 行的 SQL 插入语句用来新建一个相册；第 10 行的 SQL 删除语句主要实现对指定相册的删除；第 11 行到第 12 行的 SQL 更新语句用于修改相册的标题，以及设置是否公开属性。

这里需要注意的是，尽管后面的 3 个 SQL 语句含有输入参数，但在 SqlDataSource 控件中并没有设置输入参数的来源，这些参数通过后面的 FormView 数据访问控件中参数的双向绑定来实现参数的输入。

5.1.2　用 FormView 实现新建相册

前面学习过如何使用 FormView 控件显示相册的有关信息，这里学习如何使用 FormView 实现添加数据，即新建相册。

在使用 FormView 控件时，不仅可以显示相关数据，还可以编辑、修改，甚至添加相关数据，要实现这些功能，只需要设置其中的 DefaultMode 属性。DefaultMode 属性可以设置为"ReadOnly"，表示该控件中所显示的数据只允许用户阅读，而不允许用户修改；可以设置为"Edit"，表示该控件中所显示的数据处于编辑、修改状态，允许用户修改其中的数据；还可以设置为"Insert"，表示该控件中的数据处于添加状态，允许用户添加数据。

要在 FormView 控件中实现相册的新建，需要设置 FormView 控件中的 DefaultMode 属性为"Insert"，并在 InsertItemTemplate 模板中设计相关的数据添加用户界面，如新建相册的标题等。

代码 5-6 给出了设置后 FormView 的代码。

代码 5-6　设置后 FormView 的代码

```
1: <asp:FormView ID="FormView1" Runat="server" DataSourceID="SqlDataSource1"
       DefaultMode="Insert" BorderWidth="0" CellPadding="0">
2:   <InsertItemTemplate>
3:   <asp:RequiredFieldValidator ID="RequiredFieldValidator1" Runat="server"
       ErrorMessage="你必须选择相册的标题。" ControlToValidate="TextBox1"
       Display="Dynamic" Enabled="false" />
4:   <p>相册的标题<br />
5:   <asp:TextBox ID="TextBox1" Runat="server" Width="200"
           Text='<%# Bind("Caption") %>' CssClass="textfield" />
6:   <asp:CheckBox ID="CheckBox2" Runat="server" checked='<%# Bind("IsPublic") %>'
           text="设定该相册公开" />
7:   </p>
8:   <p >
9:   <asp:ImageButton ID="ImageButton1" Runat="server" CommandName="Insert" text="add"/>
10:  </p>
11:  </InsertItemTemplate>
12: </asp:FormView>
```

在以上的代码中，FormView 控件的属性 DefaultMode 设置为 Insert，用户界面设计在 InsertItemTemplate 模板中，即第 3 行到第 10 行的内容，表明通过该控件可以实现新建数据记录的操作。

第 4 行是一个文本框的标题，显示"相册的标题"文字，第 5 行是输入相册标题的一个文本框，这里采用的数据绑定表达式是<%# Bind("Caption") %>，这种数据绑定是双向的，也就是说，不仅能够显示数据库中的相应数据，如果在该输入框中输入相应的数据，这些数据可以返回到数据库中，实现数据库中有关记录的新建，从而可以实现 SQL 语句中需要的参数 Caption 的输入。

而前面曾经使用的数据绑定表达式是<%# Eval("Caption") %>，则是单向的数据绑定，只能显示数据库中的相关数据，不能实现数据的修改。

第 3 行是对标题输入框的内容进行验证，不允许输入的标题内容为空。第 6 行实现的是一个 CheckBox 控件，显示相册的内容是否设置为公开，同样通过双向的数据绑定表达式是<%# Bind("IsPublic") %>来实现 SQL 语句中需要的参数 IsPublic 的输入。

第 9 行实现的是一个图像按钮，用于实现新建的单击操作，这里需要注意的是，其中的 CommandName 必须设置为 Insert，这是 FormView 控件内部封装的功能要求，否则不能实现数据新建的操作。

需要说明的是，FormView 控件中的两个输入参数 Caption 和 IsPublic，必须与前面所构造的插入 SQL 语句中的输入参数一一对应。

上述代码的运行界面如图 5-7 所示。

图 5-7　FormView 控件的运行画面

5.1.3   用 GridView 实现相册的显示、修改和删除

GridView 控件是 Visual Studio 2005 中所提供的一个新的数据网格显示控件，其功能十分强大，无需书写代码，只需通过拖放操作，即可实现数据表的显示、分页、编辑、删除等复杂的操作。在 Albums.aspx 页面中，使用个性化的设计界面来使用 GridView 控件。

用鼠标单击工具栏中"数据"控件组下面的 GridView 控件，并将其拖放到 Albums.aspx 页面中"remove the album and all of its pictures"的下方，然后单击 GridView 智能化任务菜单，打开如图 5-8 所示的界面。

图 5-8   GridView 中列的编辑

在图 5-8 中，单击菜单中的"编辑列"命令，用来设置 GridView 控件中的列，在图 5-9 中单击"添加"按钮，添加两个模板项（TemplateField），以便数据以每行两列的方式显示。通过这两列相应的模板项，可以设计个性化的用户界面。

图 5-9   GridView 中列的设置

在使用 GridView 控件时，通过设置项目模板<ItemTemplate>…</ItemTemplate>，实现数据的显示、数据的删除；通过设置编辑模板<EditTemplate>…</EditTemplate>，实现数据的修改。

代码 5-7 给出了设置后 GridView 的代码。

代码 5-7   设置后 GridView 的代码

```
 1: <asp:gridview id="GridView1" runat="server" datasourceid="SqlDataSource1"
 2:       datakeynames="AlbumID" cellpadding="6" autogeneratecolumns="False"
 3:       BorderStyle="None" BorderWidth="0px" width="420px"
          showheader="false">
 4: <EmptyDataTemplate>
 5:    目前还没有建立相册。
 6: </EmptyDataTemplate>
 7: <EmptyDataRowStyle CssClass="emptydata"></EmptyDataRowStyle>
 8: <columns>
 9: <asp:TemplateField>
10:   <ItemStyle Width="116px" />
11:   <ItemTemplate>
```

```
12:     <table border="0" cellpadding="0" cellspacing="0" class="photo-frame">
13:     <tr>
14:     <td ></td>
15:     <td ></td>
16:     <td ></td>
17:     </tr>
18:     <tr>
19:     <td ></td>
20:     <td><a href='Photos.aspx?AlbumID=<%# Eval("AlbumID") %>'>
21:       <img src="../Handler.ashx?AlbumID=<%# Eval("AlbumID") %>&Size=S"
22:       class="photo_198" style="border:4px solid white"
23:      alt="测试照片来自于相册编号: <%# Eval("AlbumID") %>" /></a></td>
24:     <td ></td>
25:     </tr>
26:     <tr>
27:     <td ></td>
28:     <td ></td>
29:     <td ></td>
30:     </tr>
31:     </table>
32:     </ItemTemplate>
33: </asp:TemplateField>
34: <asp:TemplateField>
35: <ItemStyle Width="280px" />
36: <ItemTemplate>
37: <div style="padding:8px 0;">
38: <b><%# Server.HtmlEncode(Eval("Caption").ToString()) %></b><br />
39: <%# Eval("NumberOfPhotos")%> 张照片<asp:Label ID="Label1" Runat="server"
40:   Text=" Public" Visible='<%# Eval("IsPublic") %>'></asp:Label>
41: </div>
42: <div style="width:100%;text-align:right;">
43: <asp:Button ID="ImageButton2" Runat="server" CommandName="Edit"
44:       text="rename" />
45: <a href='<%# "Photos.aspx?AlbumID=" + Eval("AlbumID") %>'>
46:   <asp:image ID="Image1" runat="Server"  text="edit" /></a>
47: <asp:Button ID="ImageButton3" Runat="server" CommandName="Delete"
48:       text="delete" />
49: </div>
50: </ItemTemplate>
51: <EditItemTemplate>
52: <div style="padding:8px 0;">
53: <asp:TextBox ID="TextBox2" Runat="server" Width="160"
54:        Text='<%# Bind("Caption") %>' CssClass="textfield" />
55: <asp:CheckBox ID="CheckBox1" Runat="server"
56:     checked='<%# Bind("IsPublic") %>' text="Public" />
57: </div>
58: <div style="width:100%;text-align:right;">
59: <asp:Button ID="ImageButton4" Runat="server" CommandName="Update"
60:       text="save" />
61: <asp:Button ID="ImageButton5" Runat="server" CommandName="Cancel"
62:       text="cancel" />
63: </div>
64: </EditItemTemplate>
```

```
65: </asp:TemplateField>
66: </columns>
67: </asp:gridview>
```

在以上的代码中，数据以每行两列的表格方式显示，其中第 9 行到第 33 行是一列，第 34 行到第 65 行是一列，这两列位于块语句<columns></columns>第 8 到 66 行之间。

第 9 行到第 33 行这一列显示的是每一个相册的第一张照片，该照片是在一个 3 行 3 列中间的单元格中显示的，照片的大小规格为小，其余部分主要是装饰照片的四周，形成一个画框。显示的内容位于块语句<ItemTemplate></ItemTemplate>之间。

第 34 行到第 65 行这一列显示相册的有关信息，如相册的标题、相册中的照片的数量以及该相册是否公开，这主要通过第 37 行到第 41 行的语句实现的。另外还显示了 3 个图像按钮，它们分别是 rename、edit 和 delete。

上述代码的运行界面如图 5-1 所示，左边显示的是各种相册，右边显示的则是相关说明和相册的编辑、删除按钮。

通过 rename 按钮，其 CommandName 必须设置为 Edit，可以实现 GridView 控件从项目模板中显示数据，转换为编辑模板中修改数据；通过 edit 按钮，实际上是链接到照片编辑页面，以便添加相册中的照片等操作；通过 delete 按钮，GridView 控件内部调用了 SqlDataSource 中的 DeleteCommand 语句，将删除该行显示的相册。

第 51 行到第 64 行是比较关键的代码，其中设计了修改相册标题和是否公开属性的用户输入界面，在 GridView 控件内部调用了 SqlDataSource 中的 UpdateCommand 语句，实现了数据记录的修改。只要用户单击 rename 按钮，就打开第 51 行到第 64 行中的编辑用户界面，如图 5-10 所示，从而可以修改相册内容。

图 5-10　相册内容修改

这里需要注意的是，许多自定义用户界面中的控件属性 CommandName 不能随意设置，要与 GridView 控件中封装的内部功能相对应，也就是说，应该分别设置为 Edit、Delete、Update 以及 Cancel，从而实现相册的编辑、删除、更新以及取消操作。

5.2 实训 2——编辑某一相册中的照片

在 Albums.aspx 页面中，如果单击相应的相册照片或者 edit 按钮，就会链接到 Photos.aspx 页面。

Photos.aspx 页面的运行界面如图 5-11 所示。在 Photos.aspx 页面中，其主要功能是实现某一相册中所有照片的管理，包括单张照片的添加、照片标题的更改、照片的删除以及照片的批量上传等功能。

图 5-11　Admin 中 Photos.aspx 页面

要完成上述功能，需要编写 ADO.NET 数据访问代码，使用 DataList 控件实现照片批量上传；采用 SqlDataSource 控件来连接数据源，使用 FormView 控件实现照片的添加；使用 GridView 控件实现照片的显示、修改以及删除。

5.2.1　使用 DataList 实现照片批量上传

在 Photos.aspx 页面的最上方是实现照片批量上传的地方。代码 5-8 给出了批量上传的 HTML 代码。

代码 5-8　实现照片批量上传的 HTML 代码

```
1: <h4>批量上载照片</h4>
2: <p>在文件夹<b>Upload</b>中有以下文件。单击<b>Import</b>以便导入这些照片到相册中去。导入过
     程需要一定的时间。</p>
3: <asp:Button ID="ImageButton1" Runat="server" onclick="Button1_Click" text="import" />
4: <br /><br />
5: <asp:datalist runat="server" id="UploadList"
```

```
            repeatcolumns="1" repeatlayout="table" repeatdirection="horizontal">
6:     <itemtemplate>
7:       <%#  Container.DataItem %>
8:     </itemtemplate>
9:   </asp:datalist>
```

批量上传的画面大体上分为上下 4 个部分。最上面的部分是一个标题，用于显示批量上传的功能，在语句第 1 行实现。

第二部分是一个文字说明，详细说明如何使用该功能以及注意的问题等，通过第 2 行语句实现；第三部分是一个按钮，即语句第 3 行，当用户单击按钮"import"，将实现照片的批量上传。

最下面的部分是一个 DataList 用来列表显示批量上传的照片的文件名称，即语句第 5 行到 9 行，在该 DataList 控件中，repeatlayout 设置为 table，表示该 DataList 控件以表格的形式显示数据，repeatcolumns 属性设置为 1，表示该 DataList 控件显示的表格列数为 1，即每行只显示一条数据记录，repeatdirection 属性设置为 horizontal，说明以水平的方式来显示数据。显示的数据通过语句块项目模板<itemtemplate> </itemtemplate>来定义，这里使用了 Container.DataItem 来显示数据源中的所有记录。

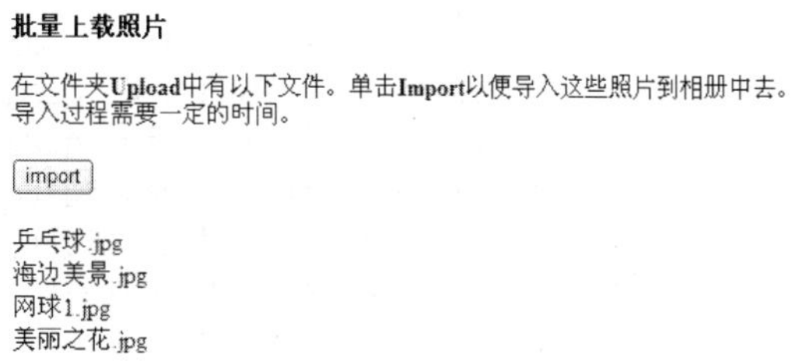

上述代码的运行界面如图 5-12 所示。

需要说明的是，在上述代码中，并没有设置的数据源控件 SqlDataSource 那么数据源显示控件 DataList 是如何显示数据的呢？

这里在 Photos.aspx 页面的后置代码 Photos.aspx.cs 中，通过编写代码实现了数据源显示控件 DataList 的数据绑定，其具体实现见代码 5-9。

批量上载照片

在文件夹Upload中有以下文件。单击Import以便导入这些照片到相册中去。导入过程需要一定的时间。

[import]

乒乓球.jpg
海边美景.jpg
网球1.jpg
美丽之花.jpg

图 5-12   批量上传的界面

代码 5-9   DataList 的数据绑定代码

```
1: protected void Page_Load(object sender, EventArgs e)
2: {
3:   DirectoryInfo d = new DirectoryInfo(Server.MapPath("~/Upload"));
4:
5:   UploadList.DataSource = d.GetFileSystemInfos();
6:   UploadList.DataBind();
7: }
```

在上述代码中，第 3 行获得 Upload 目录的文件夹信息，第 5 行、第 6 行是通过代码实现 DataList 数据绑定的关键代码。这样，就把 Upload 目录下的所有文件信息显示在 DataList 中了。

代码 5-10 给出了按钮"import"单击事件的实现代码。

代码 5-10   按钮"import"单击事件的实现代码

```
1: protected void Button1_Click(object sender, EventArgs e)
2: {
3:   DirectoryInfo d = new DirectoryInfo(Server.MapPath("~/Upload"));
4:   foreach (FileInfo f in d.GetFiles("*.jpg"))
5:   {
6:     byte[] buffer = new byte[f.OpenRead().Length];
7:     f.OpenRead().Read(buffer, 0, (int)f.OpenRead().Length);
```

```
 8:        AddPhoto(Convert.ToInt32(Request.QueryString["AlbumID"]),f.Name, buffer);
 9:    }
10:    //GridView1.DataBind();
11: }
12:
13:
14: public static void AddPhoto(int AlbumID, string Caption,byte[] BytesOriginal)
15: {
16:    SqlConnection connection = new SqlConnection(ConfigurationManager.
              ConnectionStrings["Personal"].ConnectionString);
17:
18:    string sql = "INSERT INTO [Photos] ( [AlbumID], [OriginalFileName],
         [Caption], [LargeFileName], [MediumFileName], [SmallFileName] )"
         + " VALUES (@AlbumID, @OriginalFileName, @Caption, @LargeFileName,
         @MediumFileName, @SmallFileName )";
19:
20:    SqlCommand command = new SqlCommand(sql, connection);
21:
22:    command.Parameters.Add(new SqlParameter("@AlbumID", AlbumID));
23:    command.Parameters.Add(new SqlParameter("@Caption", Caption));
24:    command.Parameters.Add(new SqlParameter("@OriginalFileName", Caption));
25:    command.Parameters.Add(new SqlParameter("@LargeFileName", Caption));
26:    command.Parameters.Add(new SqlParameter("@MediumFileName", Caption));
27:    command.Parameters.Add(new SqlParameter("@SmallFileName", Caption));
28:
29:    connection.Open();
30:    command.ExecuteNonQuery();
31:    connection.Close();
32:
33:    addPhoto(BytesOriginal, Caption);
34: }
35:
36: private static void addPhoto(byte[] bytes, String fileName)
37: {
38:    FileStream fileStream1 = new FileStream(HttpContext.Current.Server.
           MapPath("~/Images") + "/Large/" + fileName,
           FileMode.Create, FileAccess.Write);
39:    fileStream1.Write(ResizeImageFile(bytes, 600), 0,
                          ResizeImageFile(bytes, 600).Length);
40:    fileStream1.Close();
41:
42:    FileStream fileStream2 = new FileStream(HttpContext.Current.Server.
           MapPath("~/Images") + "/Medium/" + fileName,
           FileMode.Create, FileAccess.Write);
43:    fileStream2.Write(ResizeImageFile(bytes, 198), 0,
                          ResizeImageFile(bytes, 198).Length);
44:    fileStream2.Close();
45:
46:    FileStream fileStream3 = new FileStream(HttpContext.Current.Server.
           MapPath("~/Images") + "/Small/" + fileName,
           FileMode.Create, FileAccess.Write);
47:    fileStream3.Write(ResizeImageFile(bytes, 100), 0,
                          ResizeImageFile(bytes, 100).Length);
```

```
48:    fileStream3.Close();
49: }
50:
51: private static byte[] ResizeImageFile(byte[] imageFile, int targetSize)
52: {
53:   using (System.Drawing.Image oldImage = System.Drawing.Image.
                       FromStream(new MemoryStream(imageFile)))
54:   {
55:     Size newSize = CalculateDimensions(oldImage.Size, targetSize);
56:     using (Bitmap newImage = new Bitmap(newSize.Width, newSize.Height,
                            PixelFormat.Format24bppRgb))
57:     {
58:      using (Graphics canvas = Graphics.FromImage(newImage))
59:      {
60:       canvas.SmoothingMode = SmoothingMode.AntiAlias;
61:       canvas.InterpolationMode = InterpolationMode.HighQualityBicubic;
62:       canvas.PixelOffsetMode = PixelOffsetMode.HighQuality;
63:       canvas.DrawImage(oldImage, new Rectangle(new Point(0, 0), newSize));
64:       MemoryStream m = new MemoryStream();
65:       newImage.Save(m, ImageFormat.Jpeg);
66:       return m.GetBuffer();
67:      }
68:     }
69:   }
70: }
71:
72: private static Size CalculateDimensions(Size oldSize, int targetSize)
73: {
74:   Size newSize = new Size();
75:   if (oldSize.Height > oldSize.Width)
76:   {
77:     newSize.Width = (int)(oldSize.Width * ((float)targetSize /
                          (float)oldSize.Height));
78:     newSize.Height = targetSize;
79:   }
80:   else
81:   {
82:     newSize.Width = targetSize;
83:     newSize.Height = (int)(oldSize.Height * ((float)targetSize /
                          (float)oldSize.Width));
84:   }
85:   return newSize;
86: }
```

　　上述的代码比较复杂，代码第 1 行到第 11 行是按钮 "import" 单击事件的具体实现。其中第 3 行获得指定 "Upload" 目录的目录信息，也就是说，只有在该 "Upload" 目录下的照片才能够被批量上传；第 4 行到第 9 行的循环语句遍历 "Upload" 目录下的 jpg 格式的照片，读取该照片内容，调用 AddPhoto()方法，将每一个照片相关信息写入数据表 Photos 之中。

　　第 14 行和第 34 行的 AddPhoto()方法主要通过 ADO.NET 技术，将照片的相关信息，如照片标题、文件名等，写入数据表 Photos 中。其中第 33 行又调用了一个自定义的 addPhoto()方法。

　　第 36 行和第 49 行的 addPhoto()方法实现的主要功能是将 "Upload" 目录下的每一张照片转

换成三张不同大小的照片。

第 38 行到第 40 行，实现在目录"/Images/Large"中保存经过转换后的 600 像素的大尺寸照片，在目录"/Images/Medium"中保存经过转换后的 198 像素的中等尺寸照片（代码 42 行到 44 行），在目录"/Images/Small"中保存经过转换后的 100 像素的小尺寸照片（代码 46 行到 48 行）。

第 51 行到第 70 行所定义的 ResizeImageFile()方法主要实现将原始照片 imageFile 转换为指定像素大小的照片。

第 72 行到第 86 行所定义的 CalculateDimensions()方法依据横向照片和纵向照片的不同情况，计算转换后照片的高度、宽度。

5.2.2　用 SqlDataSource 连接数据库

根据 Photos.aspx 页面的功能需求，要实现指定相册中照片的显示、添加、修改和删除等功能，在设置 SqlDataSource 控件时，必须构造各种带输入参数的 SQL 语句，不仅需要构造 SQL 查询语句 SelectCommand，而且还要构造 SQL 插入语句 InsertCommand、SQL 删除语句 DeleteCommand 以及 SQL 更新语句 UpdateCommand。其中设置 SQL 语句的过程与本任务前面 5.1.1 中的内容基本一样，这里不再重复。

代码 5-11 给出了设置 SqlDataSource 的代码。

代码 5-11　正确设置 SqlDataSource 的代码

```
 1: <asp:SqlDataSource ID="SqlDataSource1" Runat="server"
 2:        ConnectionString="<%$ ConnectionStrings:Personal %>"
 3: SelectCommand="SELECT * FROM [Photos] LEFT JOIN [Albums]
 4:             ON [Albums].[AlbumID] = [Photos].[AlbumID]
 5:             WHERE [Photos].[AlbumID] = @AlbumID
 6:             "
 7: InsertCommand="INSERT INTO [Photos] ( [AlbumID], [OriginalFileName],
 8:             [Caption], [LargeFileName],
                [MediumFileNam],[SmallFileName] ) VALUES (@AlbumID,
 9:         @OriginalFileName, @Caption, @LargeFileName,
            @MediumFileName, @SmallFileName
10: DeleteCommand="DELETE FROM [Photos] WHERE [PhotoID] = @PhotoID"
11: UpdateCommand="UPDATE [Photos] SET [Caption] = @Caption
12:             WHERE [PhotoID] = @PhotoID" >
13: <SelectParameters>
14:   <asp:QueryStringParameter Name="AlbumID" Type="Int32"
15:       QueryStringField="AlbumID" />
16: </SelectParameters>
17: <InsertParameters>
18:   <asp:QueryStringParameter Name="AlbumID" Type="Int32"
19:       QueryStringField="AlbumID" />
20: </InsertParameters>
21: </asp:SqlDataSource>
```

在数据源控件 SqlDataSource 中，SQL 查询语句中的输入参数 AlbumID 由页面传递参数实现，即由第 13 行到第 16 行的语句实现；SQL 插入语句中的输入参数 AlbumID 同样由页面传递参数实现，即由第 17 行到第 20 行的语句实现。

5.2.3　使用 FormView 新建相册中的照片

与前面的实训 1 一样，这里同样利用 FormView 来新建相册中的某一张图片，使用 FormView 控件实现添加数据功能，必须设置 DefaultMode 的属性为 insert，并在插入项目模板中定义需要的用户界面。代码 5-12 给出了 FormView 控件的代码。

代码 5-12　FormView 控件的代码

```
 1: <asp:FormView ID="FormView1" Runat="server" DataSourceID="SqlDataSource1"
 2:       DefaultMode="insert" BorderWidth="0px" CellPadding="0"
 3:       OnItemInserting="FormView1_ItemInserting">
 4: <InsertItemTemplate>
 5: <asp:RequiredFieldValidator ID="RequiredFieldValidator1" Runat="server"
 6:       ErrorMessage="必须选择一个标题。" ControlToValidate="PhotoFile"
 7:       Display="Dynamic" Enabled="false" />
 8: <p>照片<br />
 9: <asp:FileUpload ID="PhotoFile" Runat="server" Width="416" FileBytes='<%#
10:       Bind("BytesOriginal") %>' />
11: <br />标题<br />
12: <asp:TextBox ID="PhotoCaption" Runat="server" Width="326"
13:       Text='<%# Bind("Caption") %>' /></p>
14: <p style="text-align:right;">
15: <asp:Button ID="AddNewPhotoButton" Runat="server" CommandName="Insert"
16:       Text="add" /></p>
17: </InsertItemTemplate>
18: </asp:FormView>
```

在以上的代码中，第 4 行到第 17 行之间的语句，即在插入项目模板语句块<InsertItemTemplate></InsertItemTemplate>中，用来定义用户增加照片的用户界面。第 8 行用来显示的文字内容为 "Photo"，以便用户在下面的文件上传框中选择相应的照片文件路径。第 9 行设置了一个文件上载控件 FileUpload，其中 FileBytes 属性绑定了数据表 Photos 中的 BytesOriginal 字段，由于该字段是双向绑定的，该设置可以作为 SQL 插入语句中的输入参数 BytesOriginal。

第 12 行和第 13 行是一个文本输入框，用于输入照片的标题，其中的 Text 属性绑定了数据表 Photos 中的 Caption 字段，由于该字段也是双向绑定的，因此该设置同样可以作为 SQL 插入语句中的输入参数 Caption。

第 15 行是一个按钮，其中的 CommandName 必须设置为 Insert，以便 FormView 控件能够自动识别这个按钮，从而调用内部已经封装好的插入数据操作的功能。

代码 5-12 中代码的运行界面如图 5-13 所示。

回过头来检查代码 5-11 中的 SQL 插入语句中的第 7 行、第 8 行和第 9 行，在该插入语句中，设置了 6 个输入参数：@AlbumID、@OriginalFileName、@Caption、@LargeFileName、@MediumFileName 以

图 5-13　FormView 控件的运行界面

及@SmallFileName。其中 AlbumID 通过页面参数传递来实现，@OriginalFileName 以及@Caption 通过上述的双向绑定来获得输入，而后面的 3 个不同规格大小的照片名称还没有输入，下面来看看如何实现这 3 个参数的输入。

在代码 5-12 的第 3 行语句中，设置了 FormView 控件的一个事件 OnItemInserting 为 FormView1_ItemInserting，该事件在控件 FormView 添加一张照片的时候被触发。代码 5-13 给出了 FormView1_ItemInserting 事件的代码。

代码 5-13　FormView1_ItemInserting 事件的代码

```
 1: protected void FormView1_ItemInserting(object sender, FormViewInsertEventArgs e)
 2: {
 3:   if (((string)e.Values["OriginalFileName"]).Length == 0)
 4:     e.Cancel = true;
 5:
 6:   string fileName = (String)(e.Values["OriginalFileName"]);
 7:   string caption=(String)(e.Values["Caption"]);
 8:
 9:   e.Values.Add("LargeFileName", fileName);
10:   e.Values.Add("MediumFileName", fileName);
11:   e.Values.Add("SmallFileName", fileName);
12:
13:   DirectoryInfo d = new DirectoryInfo(Server.MapPath("~/Upload"));
14:
15:   FileInfo[] f=d.GetFiles(fileName);
16:
17:   byte[] buffer = new byte[f[0].OpenRead().Length];
18:   f[0].OpenRead().Read(buffer, 0, (int)f[0].OpenRead().Length);
19:   AddPhoto(Convert.ToInt32(Request.QueryString["AlbumID"]),
          caption, buffer);
20: }
```

在以上代码中，第 3 行语句用来读取被上传照片的 OriginalFileName 值，如果是空白值，那么说明没有照片可以添加，通过将 e.Cancel 设置为 true，取消该事件的触发和执行，也就是说，不执行添加照片的操作。如果有照片内容需要上传，那么执行后面的语句。

第 6 行、第 7 行分别获得被上传照片的文件名称和照片标题，第 9 行到第 11 行则实现 3 张不同大小照片的文件名称的输入。

第 13 行到第 19 行，则读取指定的照片，转换 3 张不同大小的照片，并保存在指定的目录中。

5.2.4　使用 GridView 实现照片的显示、更改和删除

同本任务前面的 5.1.3 小节中基本一样，下面介绍如何使用 GridView 控件实现照片的显示、修改和删除。

用鼠标单击工具栏中"数据"控件组下面的 GridView 控件，并将其拖放到 Photos.aspx 页面中，然后单击 GridView 智能化任务菜单，设置相应的属性。

代码 5-14 给出了 GridView 控件设置后的代码。

代码 5-14　GridView 控件设置后的代码

```
1: <asp:gridview id="GridView1" runat="server" datasourceid="ObjectDataSource1"
2:         datakeynames="PhotoID" cellpadding="6" EnableViewState="false"
3:         autogeneratecolumns="False" BorderStyle="None"BorderWidth="0px"
4:         width="420px" showheader="false" >
```

```
 5: <EmptyDataRowStyle CssClass="emptydata"></EmptyDataRowStyle>
 6: <EmptyDataTemplate>
 7:    当前没有照片。
 8: </EmptyDataTemplate>
 9: <columns>
10: <asp:TemplateField>
11: <ItemStyle Width="50" />
12: <ItemTemplate>
13: <table border="0" cellpadding="0" cellspacing="0" >
14: <tr>
15: <td ></td>
16: <td ></td>
17: <td ></td>
18: </tr>
19: <tr>
20: <td ></td>
21: <td><a href='Details.aspx?AlbumID=<%# Eval("AlbumID") %>&
22:    Page=<%# ((GridViewRow)Container).RowIndex %>'>
23:     <img src='../Handler.ashx?Size=S&PhotoID=<%# Eval("PhotoID") %>'
24:     class="photo_198" style="border:2px solid white;width:50px;"
25:     alt='照片编号: <%# Eval("PhotoID") %>' /></a></td>
26: <td ></td>
27: </tr>
28: <tr>
29: <td ></td>
30: <td ></td>
31: <td ></td>
32: </tr>
33: </table>
34: </ItemTemplate>
35: </asp:TemplateField>
36: <asp:boundfield headertext="Caption" datafield="Caption" />
37: <asp:TemplateField>
38: <ItemStyle Width="150" />
39: <ItemTemplate>
40: <div style="width:100%;text-align:right;">
41: <asp:Button ID="ImageButton2" Runat="server" CommandName="Edit"
42:        text="rename" />
43: <asp:Button ID="ImageButton3" Runat="server" CommandName="Delete"
44:        text="delete" />
45: </div>
46: </ItemTemplate>
47: <EditItemTemplate>
48: <div style="width:100%;text-align:right;">
49: <asp:Button ID="ImageButton4" Runat="server" CommandName="Update"
50:        text="save" />
51: <asp:Button ID="ImageButton5" Runat="server" CommandName="Cancel"
52:        text="cancel" />
53: </div>
54: </EditItemTemplate>
55: </asp:TemplateField>
56: </columns>
57: </asp:gridview>
```

87

在以上代码中，第 9 行到第 56 行设置了两列编辑项目模板，一列是第 10 行到第 35 行，该列用于显示相册中的每一张照片。该照片同样是显示在一个 3 行 3 列的中间单元格中，四周形成一个画框；第二列显示的是两个编辑按钮，见第 37 行到第 55 行语句，单击 "rename" 按钮，可以更改该张照片的标题，单击 "delete" 按钮，可以删除照片。然后在这两列之间插入了第 36 行语句，用于显示照片的标题。第 6 行到第 8 行设置的是，如果数据表中没有需要的内容，将会显示语句块<EmptyDataTemplate></EmptyDataTemplate>中的内容，以便提醒浏览者。

上述代码的运行界面如图 5-14 所示。

当单击图 5-14 中第 1 行的 "rename" 按钮时，出现如图 5-15 所示的界面，在文本框中输入修改后的内容，单击 "save" 按钮，可以修改照片标题，单击 "cancel" 按钮，可以取消照片标题的修改。

图 5-14　GridView 控件的运行界面　　　　　图 5-15　照片标题的修改画面

5.3　实训 3——显示某张照片

在 Photos.aspx 页面中，如果单击相应的照片，就会链接到 Details.aspx 页面。

Details.aspx 页面的运行界面如图 5-16 所示。

图 5-16　Admin 中 Details.aspx 页面

Details.aspx 页面的功能比较简单，与任务 4 中的实训 3 内容基本一样，甚至还要简单，其功能是显示某张大小规格为大的照片，该照片所在的相册 AlbumID 以及页码 Page 由页面参数来传递。

5.3.1 设置 SqlDataSource

根据页面功能需求，这里只需要显示照片，因此在使用 SqlDataSource 连接数据库，在设置 SqlDataSource 控件，构造带输入参数的 SQL 语句时，只需要构造查询语句 SelectCommand 即可，最后生成的 SqlDataSource 控件代码如代码 5-15 所示。

代码 5-15 SqlDataSource 正确设置后的代码

```
 1: <asp:SqlDataSource ID="SqlDataSource1" runat="server"
 2:          ConnectionString="<%$ ConnectionStrings:Personal %>"
 3:  SelectCommand="SELECT * FROM [Photos] LEFT JOIN [Albums]
 4:              ON [Albums].[AlbumID] = [Photos].[AlbumID]
 5:              WHERE [Photos].[AlbumID] = @AlbumID " >
 6:  <SelectParameters>
 7:   <asp:QueryStringParameter Name="AlbumID" Type="Int32"
 8:          QueryStringField="AlbumID" DefaultValue="1"/>
 9:  </SelectParameters>
10: </asp:SqlDataSource>
```

在以上的代码中，主要查询数据表 Photos 中的照片内容，SQL 语句中的输入参数 AlbumID 由页面传递参数实现，即由第 6 行到第 9 行的语句实现。

5.3.2 设置 FormView

同样，使用 FormView 控件来显示数据表 Photos 中的照片内容，代码 5-16 给出了 FormView 控件的设置代码。

代码 5-16 FormView 控件设置后的代码

```
 1: <asp:formview id="FormView1" runat="server" datasourceid="SqlDataSource1"
 2:     borderstyle="none" borderwidth="0" CellPadding="0"
 3:     cellspacing="0" EnableViewState="false">
 4: <itemtemplate>
 5: <p><%# Server.HtmlEncode(Eval("Caption").ToString()) %></p>
 6: <table border="0" cellpadding="0" cellspacing="0" class="photo-frame">
 7: <tr>
 8:  <td ></td>
 9:  <td ></td>
10:  <td ></td>
11: </tr>
12: <tr>
13:  <td ></td>
14:  <td><img src="../Handler.ashx?PhotoID=<%# Eval("PhotoID") %>&Size=L"
```

```
15:     class="photo_198" style="border:4px solid white"
16:     alt='照片编号 <%# Eval("PhotoID") %>' /></a></td>
17:   <td ></td>
18:  </tr>
19:  <tr>
20:   <td ></td>
21:   <td ></td>
22:   <td ></td>
23:  </tr>
24:  </table>
25:  <p> </p>
26:  </itemtemplate>
27: </asp:formview>
```

在 FormView 控件的设置代码中，第 4 行到第 26 行定义了一个项目模板，设置了显示数据的界面格式，该显示界面分为上、下两个部分。

第 1 部分是第 5 行语句显示的是照片的一个标题，这里采用的数据绑定表达式是 Eval()，表明只是从数据库中显示 Photos 数据表中的 Caption 字段，而不能像 Bind()那样是双向的绑定，可以修改数据。

第 2 部分是第 6 行到第 24 行语句，是一个 3 行 3 列的表格，在这个表格中，照片显示在中间的单元格中。

还需要说明的是，在 Photos.aspx 页面的后置代码中，需要传递 Page 参数。

5.4 小结

下面对本章的内容作一个小结。

- 常用数据控件的高级使用：介绍了 DataList 控件、FormView 控件的高级使用以及 Gridview 控件的使用，它们不仅用于显示数据，还用于实现数据的添加、修改和删除等功能。
- 实现相册管理的基本功能：如何编辑相册中的内容，实现相册的添加、修改和删除等功能；如何编辑某一相册中的照片，包括照片的显示、添加、修改和删除等功能；以及如何显示指定的某张照片。

5.5 思考题

1. 在任务 4 思考题的基础上，实现编辑相册中的内容，包括相册的添加、修改和删除等功能。

2. 在任务 4 思考题的基础上，实现编辑某一相册中的照片，包括照片的显示、添加、修改和删除等功能。

3. 在任务 4 思考题的基础上，实现显示指定的某张照片。

5.6 工作任务评测单

学习情境 2	网站开发		班级	
任务 5	相册管理		小组成员	
任务描述	在相册管理任务中，介绍如何使用 SqlDataSource 控件，然后分别实现编辑相册内容、编辑相册中的照片以及显示某张照片			
任务分析	使用 SqlDataSource 控件： 编辑相册内容： 编辑相册中照片： 显示某张照片：				
任务实施	实施步骤（并回答思考题）。 1. 使用 SqlDataSource 控件： 2. 编辑相册内容： 3. 编辑相册中照片： 4. 显示某张照片：				
工作评价	小组自评	分数：	签名：	年　月　日
	小组互评	分数：	签名：	年　月　日
	教师评价	分数：	签名：	年　月　日

任务6

母版页和页面导航

任务目标

- 使用母版页。
- 网站导航。
- 在项目化教程中实现页面导航。

页面的设计、管理是网站运行的一个重要方面，ASP.NET 提供了母版页和页面导航技术，极大地方便了大、中型网站页面的设计、管理。

在母版页及页面导航显示相册任务中，介绍了如何使用母版页简化页面制作，并在项目化教程中使用母版页；说明了如何实现网站的页面导航，其中包括站点地图的创建，TreeView 控件、SiteMapPath 控件以及 Menu 控件的使用；最后说明了如何在项目化教程中实现页面导航。

6.1 实训 1——使用母版页简化页面制作

在任务 4 中建立了 4 个页面，分别是 Albums.aspx 页面、Photos.aspx 页面、Details.aspx 页面和 Download.aspx 页面，这 4 个页面主要用于实现相册显示的基本功能，即显示相册内容、显示相册中的所有照片、显示某张照片以及下载某张照片。

分析这 4 个页面可以发现，这 4 个页面具有一致的页面外观和页面结构，即具有相同的头部和脚部，以及相同的页面外框，对于这 4 个页面来说，在每个页面中重复制作这些相同的部分还不会觉得劳累，如果对于一个大、中型网站中的成百上千个页面来说，这种重复制作简直是一种灾难。通过使用 ASP.NET 中的母版页，对这 4 个页面重新改造，可以简化页面的制作，便于页面的集中修改与管理。

6.1.1　显示相册页面的结构分析

Albums.aspx、Photos.aspx 两个页面的运行页面分别如图 6-1 和图 6-2 所示。

图 6-1　Albums.aspx 的运行页面

图 6-2　Photos.aspx 的运行页面

从图 6-1 和图 6-2 中可以看出，这两个页面具有相同的外观和一致的界面，它们的页面结构主要由上、中、下 3 部分所组成。

上面部分称为页面头部（Header），主要是说明整个网站的名称，或者一个分类页面的名称，如可以在其中放置网站 Logo 和网站的页面地址链接等。可以看出，上述两个页面中的头部内容完全一样。

中间部分是内容部分（Content），不同的页面具有不同的内容，Albums.asp 显示相册的内容，Photos.aspx 显示某一相册中的所有照片，很显然，在这两个页面中，该部分的内容是变化的。

下面部分是页面脚部（Footer），主要放置网站的版权说明、公司名称、地址和制作日期等。可以看出，上述两个页面中的脚部内容也完全一样。

因此，如果要构建一个模板页面，在其中设计出不同的页面部分，头部和脚部是多个页面的相同部分，中间部分随不同页面的内容不同而变化，那么其他页面只需使用这个模板，就可以节省重复设计头部和脚部的大量时间，如果需要修改页面的头部和脚部，只需修改这个模板中的相应部分即可，非常有利于网页的制作和管理。

Visual Studio 2005 中提供了母版页（Master page）技术来实现上述的模板页面。

6.1.2　设计母版页

Visual Studio 2005 中提供了专门的母版页项目用于创建母版页，并且在可视化环境下通过拖拉方式设计母版，十分方便。

1．创建母版页

在 Visual Studio 2005 中，用鼠标右击右边"解决方案资源管理器"窗格中的项目，并在弹出的快捷菜单（如图 6-3 所示）中单击"添加新项"命令，在打开的如图 6-4 所示的添加项目对话框中，选择"母版页"模板，输入需要创建的母版名称为 Default.master，母版文件的后缀名为 master，然后单击"添加"按钮，即可在选择的项目下创建一个母版 Default.master。

图 6-3　添加项目

图 6-4　添加项目对话框

在"解决方案资源管理器"窗格下双击母版文件 Default.master，查看该母版文件的设计视图，如图 6-5 所示。

在图 6-5 中，中间的方框部分称为内容占位符（ContentPlaceHolder），该内容占位符是页面设计中的变化部分。在设计母版时，只需设计内容占位符在页面中的布局，不需要设计其中的内容。

而内容占位符以外的其他部分则是母版设计的主要内容,这些部分是多个页面共享的相同部分。

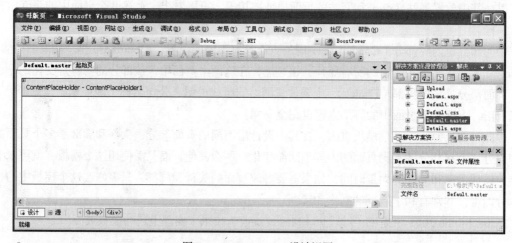

图 6-5　Default.master 设计视图

查看母版页 Default.master 的代码视图,可以得到代码 6-1 中 Default.master 页面的相关 HTML代码。

代码 6-1　Default.master 页面的相关 HTML 代码

```
 1: <html xmlns="http://www.w3.org/1999/xhtml" >
 2: <head runat="server">
 3:  <title>Untitled</title>
 4: </head>
 5: <body>
 6:  <form id="form1" runat="server">
 7:   <div>
 8:
 9:    <asp:contentplaceholder id="ContentPlaceHolder1" runat="server">
10:    </asp:contentplaceholder>
11:
12:   </div>
13:  </form>
14: </body>
15: </html>
```

从代码 6-1 中可以看出,创建的母版页与普通的页面十分相似,事实上,母版页本身就是一个页面,只不过是一个特殊的页面而已。其中的第 9 行和第 10 行是内容占位符,其他的页面要使用这个母版,就需要在该内容占位符中填充相关内容;要设计母版页,就需要在以上 HTML 代码中的相关位置添加相应的代码,具体来说,主要是在第 8 行语句中,或者在第 11 行语句中添加相关代码。这些添加的代码是多个页面的共享部分,是母版页设计的核心。

2.　设计母版页

设计母版页,可以在母版页的设计视图下,通过可视化方式拖放相关控件,输入相关内容;还可以在母版页的 HTML 视图下,直接输入事先设计好的有关 HTML 代码,这里采用后一种方式。

为了在母版页 Default.master 中使用已经定义的样式,首先需要将代码 6-2 中的内容替换代码

6-1 中的第 2 到第 4 行。

代码 6-2　Default.master 页面的相关 HTML 代码

```
1: <head runat="server">
2: <Link href="Default.css" type=text/css rel=stylesheet>
3: <link href="Frame.css" rel="stylesheet" type="text/css">
4: <title></title>
5: </head>
```

然后在代码 6-1 的第 8 行中，插入母版页的设计代码，即页面的头部。这些插入的代码如代码 6-3 所示。

代码 6-3　Default.master 页面头部的相关 HTML 代码

```
1: <div class="header">
2: <h1>张山</h1>
3: <br />
4:                  
5:                   
6:                   
7:                   
8:            
9: <asp:HyperLink ID="HyperLink1" runat="server"
10:       NavigateUrl="~/Default.aspx">首页</asp:HyperLink>
11: <asp:HyperLink ID="HyperLink2" runat="server"
12:       NavigateUrl="~/Albums.aspx" >相册 </asp:HyperLink>
13: <asp:HyperLink ID="HyperLink3" runat="server"
14:       NavigateUrl="~/Links.aspx"  >链接</asp:HyperLink>
15: <asp:HyperLink ID="HyperLink4" runat="server"
16:      NavigateUrl="~/Resume.aspx" >简历 </asp:HyperLink>
17: <asp:HyperLink ID="HyperLink5" runat="server"
18:       NavigateUrl="~/Register.aspx" >注册 </asp:HyperLink>
19: <asp:HyperLink ID="HyperLink6" runat="server"
20:       NavigateUrl="~/Admin/Albums.aspx" >管理 </asp:HyperLink>
21: <h2>我的个人网站 </h2>
22: <div class="nav">
23:  <asp:LoginStatus ID="LoginStatus1" Runat="server"
          LoginText="登录" LogoutText="退出" />
24: </div>
25: </div>
```

第 3 步，在代码 6-1 的第 11 行中，插入母版页的设计代码，即页面的脚部。这些插入的代码如代码 6-4 所示。

代码 6-4　Default.master 页面脚部的相关 HTML 代码

```
1: <div class="footerbg" >
2: <div class="footer">
3:   版权所有 &copy; 2006 张山.
4:  <br />
5:  <br />
6:  <asp:HyperLink ID="HyperLink7" runat="server"
          NavigateUrl="~/Default.aspx">首页</asp:HyperLink>
```

```
 7:    <asp:HyperLink ID="HyperLink8" runat="server"
           NavigateUrl="~/Albums.aspx" >相册</asp:HyperLink>
 8:    <asp:HyperLink ID="HyperLink9" runat="server"
           NavigateUrl="~/Links.aspx"     >链接</asp:HyperLink>
 9:    <asp:HyperLink ID="HyperLink10" runat="server"
           NavigateUrl="~/Resume.aspx" >简历</asp:HyperLink>
10:    <asp:HyperLink ID="HyperLink11" runat="server"
           NavigateUrl="~/Register.aspx" >注册</asp:HyperLink>
11:    <asp:HyperLink ID="HyperLink12" runat="server"
           NavigateUrl="~/Admin/Albums.aspx" >管理</asp:HyperLink>
12:  </div>
13:  </div>
```

通过设计母版的头部和脚部，基本完成了母版 Default.master 的设计，母版 Default.master 的设计视图如图 6-6 所示。

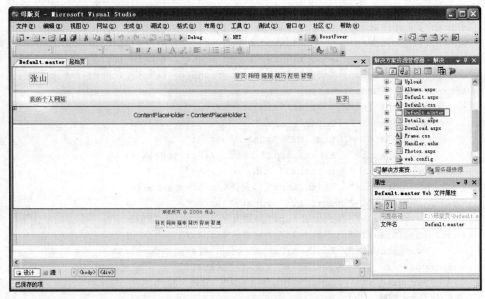

图 6-6   Default.master 完成后的设计视图

6.1.3   在项目化教程中使用母版页

要使用母版页，在 Visual Studio 2005 中，新增加一个页面时，选中"选择母版页"，然后就可以在生成页面的内容占位符中填充页面设计的变化部分。

1. 新建 Albums.aspx 页面

在 Visual Studio 2005 中，首先右键单击 Visual Studio 2005 右边"解决方案资源管理器"窗格下的项目，在弹出的快捷菜单中单击"添加新项"命令，然后在打开的如图 6-7 所示的增加项目对话框中，选择"Web 窗体"模板，在"名称"文本框中输入需要创建的页面名称为 Albums.aspx，并选中"选择母版页"，表明在新建 Albums.aspx 页面时，需要使用相应的母版页，然后单击"添加"按钮。

在打开的如图 6-7 所示的"选择母版页"对话框中，选择相应的母版页文件。母版页对话框将列出当前可以使用的所有母版页文件，这里选择 Default.master。然后单击"确定"按钮，即可新建一个使用母版页的 Albums.aspx 页面。

图 6-7　新建 Albums.aspx 页面对话框

　　在 Visual Studio 2005 中查看 Albums.aspx 的设计视图，如图 6-9 所示，由于使用了 Default.master

母版页，页面的上、下两部分（即页面的头部与脚部）均显示为灰色，这两部分是不可编辑的，如果需要编辑、修改这两部分的内容，必须在母版页 Default.master 中进行。

　　页面的中间部分（即内容占位符）是 Albums.aspx 页面中可以编辑的部分，可以通过可视化方式拖放相关控件，输入相关内容来填充所需要的内容，以便显示相册的内容。这里仍然采用在 Albums.aspx 页面的 HTML 视图下直接输入

图 6-8　选择母版对话框

事先设计好的有关 HTML 代码来重新设计 Albums.aspx 页面。

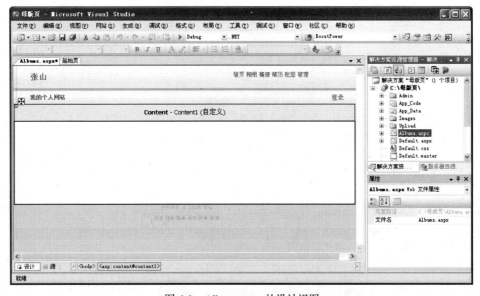

图 6-9　Albums.aspx 的设计视图

在 Visual Studio 2005 中查看 Albums.aspx 的 HTML 视图，其 HTML 代码如代码 6-5 所示。

代码 6-5　Albums.aspx 页面的 HTML 代码

```
1: <%@ Page Language="C#" MasterPageFile="~/Default.master"
2:        AutoEventWireup="true" CodeFile="Albums.aspx.cs"
          Inherits="Albums" Title="Untitled Page" %>
3:    <asp:Content ID="Content1" ContentPlaceHolderID="ContentPlaceHolder1"
4:          Runat="Server">
5:
6:    </asp:Content>
```

可以发现其中的 HTML 语句十分简单，第 1 到第 2 句的内容描述了 Albums.aspx 页面使用的母版页是 Default.master，第 3 句到第 7 句是内容占位符，要使用母版页来重新设计 Albums.aspx 页面，就需要在第 5 行中插入显示相册内容的相关代码。

将代码 6-6 中的代码插入到代码 7-5 中的第 5 行，就可以完成 Albums.aspx 页面的重新设计，并且此时的 Albums.aspx 页面使用了 Default.master 母版页。下面简单说明代码 6-6 中的 HTML 代码。

代码 6-6　在 Albums.aspx 中插入内容占位符的 HTML 代码

```
1: <div class="shim gradient"></div>
2: <div class="page" id="albums" >
3:   <h3>欢迎访问我的照片集</h3>
4:   <p>以下照片是我多年的外出作品。内容虽然不多，但挺精彩的，希望大家喜欢。</p>
5:   <hr />
6:
7:
8: <asp:DataList ID="DataList1" runat="server" CssClass="view"
9:      DataSourceID="SqlDataSource1" RepeatColumns="2"
10:     RepeatDirection="Horizontal" >
11:  <ItemStyle cssClass="item" />
12:  <ItemTemplate>
13:    <table border="0" cellpadding="0" cellspacing="0" class="album-frame">
14:     <a href='Photos.aspx?AlbumID=<%# Eval("AlbumID") %>' >
15:      <img src="Handler.ashx?AlbumID=<%# Eval("AlbumID") %>&Size=M"
16:           class="photo_198" style="border:4px solid white"
17:           alt='Sample Photo from Album Number <%# Eval("AlbumID") %>
              ' /></a>
18:    </table>
19:    <h4><a href="Photos.aspx?AlbumID=<%# Eval("AlbumID") %>">
20:        <%# Server.HtmlEncode(Eval("Caption").ToString()) %></a></h4>
21:    <%# Eval("NumberOfPhotos")%> Photo(s)
22:  </ItemTemplate>
23: </asp:DataList>
24: </div>
25: <asp:SqlDataSource ID="SqlDataSource1" runat="server"
26:         ConnectionString="<%$ ConnectionStrings:Personal %>"
27:      SelectCommand="SELECT [Albums].[AlbumID],[Albums].[Caption],
28:           [Albums].[IsPublic], Count([Photos].[PhotoID]) AS
                                            NumberOfPhotos
29:      FROM [Albums] LEFT JOIN [Photos]  ON
```

```
30:                          [Albums].[AlbumID] = [Photos].[AlbumID]
31:              WHERE    [Albums].[IsPublic] = 1
32:              GROUP BY  [Albums].[AlbumID], [Albums].[Caption],
                          [Albums].[IsPublic]">
33: </asp:SqlDataSource>
```

以上代码基本分为 3 个部分，第 1 到第 7 行是一般的页面装饰和文字说明；中间部分第 8 行到第 23 行是 DatalList 控件的设置部分；最后是 SqlDataSource 的设置部分。需要注意的是，不要遗漏 SqlDataSource 部分。

重新运行使用母版后的 Albums.aspx 页面如图 6-10 所示。

图 6-10　Albums.aspx 的运行页面

从图 6-10 中可以看出，相册的边框与图 6-1 还有差距，其具体实现需要在后面的皮肤任务中讲解。

2.　新建 Photos.aspx 页面

新建 Photos.aspx 页面，与前面所建立的 Albums.aspx 页面完全类似，这里只列出需要插入到内容占位符中的有关代码，如代码 6-7 所示。

代码 6-7　在 Photos.aspx 中插入内容占位符的 HTML 代码

```
1: <div class="shim solid"></div>
2: <div class="page" id="photos">
3:  <div class="buttonbar buttonbar-top">
4:   <a href="Albums.aspx">Albums </a>
```

```
 5:   </div>
 6:   <asp:DataList ID="DataList1" runat="Server" cssclass="view"
 7:            dataSourceID="SqlDataSource1" repeatColumns="4"
                  repeatdirection="Horizontal"
 8:            onitemdatabound="DataList1_ItemDataBound"
                        EnableViewState="false">
 9:    <ItemTemplate>
10:     <table border="0" cellpadding="0" cellspacing="0" class="photo-frame">
11:      <tr>
12:       <td class="topx--"></td>
13:       <td class="top-x-"></td>
14:       <td class="top--x"></td>
15:      </tr>
16:      <tr>
17:       <td class="midx--"></td>
18:       <td><a href='Details.aspx?AlbumID=<%# Eval("AlbumID") %>&
19:             Page=<%# Container.ItemIndex %>'>
20:          <img src="Handler.ashx?PhotoID=<%# Eval("PhotoID") %>&
21:            Size=S" class="photo_198" style="border:4px solid white"
22:            alt='Thumbnail of Photo Number <%# Eval("PhotoID") %>' />
                 </a></td>
23:       <td class="mid--x"></td>
24:      </tr>
25:      <tr>
26:       <td class="botx--"></td>
27:       <td class="bot-x-"></td>
28:       <td class="bot--x"></td>
29:      </tr>
30:     </table>
31:     <p><%# Server.HtmlEncode(Eval("Caption").ToString()) %></p>
32:    </ItemTemplate>
33:    <FooterTemplate>
34:    </FooterTemplate>
35:   </asp:DataList>
36:   <asp:panel id="Panel1" runat="server" visible="false"
              CssClass="nullpanel">
37:           目前该相册中没有照片。</asp:panel>
38:   <div class="buttonbar">
39:      <a href="Albums.aspx">Albums </a>
40:   </div>
41:   </div>
42:   <asp:SqlDataSource ID="SqlDataSource1" runat="server"
43:            ConnectionString="<%$ ConnectionStrings:Personal %>"
44:            SelectCommand="SELECT *  FROM [Photos] LEFT JOIN [Albums]
45:             ON [Albums].[AlbumID] = [Photos].[AlbumID]
46:             WHERE [Photos].[AlbumID]=@Album AND([Albums].[IsPublic]=1)">
47:    <SelectParameters>
48:     <asp:QueryStringParameter DefaultValue="1" Name="AlbumID"
49:          QueryStringField="Album" />
50:    </SelectParameters>
51:   </asp:SqlDataSource>
```

在以上代码中，第 6 行到第 35 行设置了数据访问控件 DataList，第 36 行到第 37 行设置了一个面板控件，用来显示当相册中没有图片时，在页面中所显示的内容。第 42 行到第 51 行设置了数据源控件 SqlDataSource，其中设置了一个查询语句，该查询语句中的输入参数由页面参数来传递。

重新运行使用母版后的 Photos.aspx 页面如图 6-11 所示。

图 6-11　Photos.aspx 的运行页面

3. 新建 Details.aspx 页面

新建 Details.aspx 页面，与前面所建立的 Albums.aspx 以及 Photos.aspx 页面完全类似，同样这里只列出需要插入到内容占位符中的有关代码，如代码 6-8 所示。

代码 6-8　在 Photos.aspx 中插入内容占位符的 HTML 代码

```
1: <div class="shim solid"></div>
2: <div class="page" id="details">
3: <asp:formview id="FormView1" runat="server"
datasourceid="SqlDataSource1"
4:   cssclass="view" borderstyle="solid" borderwidth="0" CellPadding="0"
5:   cellspacing="0" EnableViewState="false" AllowPaging="true">
6: <itemtemplate>
7: <div class="buttonbar buttonbar-top" >
8:  <a href="Albums.aspx">Albums</a>
9:  <asp:Button ID="Button1" runat="server"  CommandName="Page"
10:      CommandArgument="First" Text="First" />
11:  <asp:Button ID="Button2" runat="server"
12:      CommandName="Page" CommandArgument="Prev" Text="Prev" />
13:  <asp:Button ID="Button3" runat="server"
```

```
14:            CommandName="Page" CommandArgument="Next" Text="Next" />
15:   <asp:Button ID="Button4" runat="server"  CommandName="Page"
16:            CommandArgument="Last" Text="Last" />
17:  </div>
18:  <p><%# Server.HtmlEncode(Eval("Caption").ToString()) %></p>
19:  <table border="0" cellpadding="0" cellspacing="0" class="photo-frame">
20:   <tr>
21:    <td class="topx--"></td>
22:    <td class="top-x-"></td>
23:    <td class="top--x"></td>
24:   </tr>
25:   <tr>
26:    <td class="midx--"></td>
27:    <td><img src="Handler.ashx?PhotoID=<%# Eval("PhotoID") %>&
28:          Size=L" class="photo_198" style="border:4px solid white"
29:          alt='Photo Number <%# Eval("PhotoID") %>' /></td>
30:    <td class="mid--x"></td>
31:   </tr>
32:   <tr>
33:    <td class="botx--"></td>
34:    <td class="bot-x-"></td>
35:    <td class="bot--x"></td>
36:   </tr>
37:  </table>
38:  <p><a href='Download.aspx?AlbumID=<%# Eval("AlbumID") %>&
39:                Page=<%# Container.DataItemIndex %>'>Download</a></p>
40:  <div class="buttonbar" >
41:   <a href="Albums.aspx">Albums</a>
42:       
43:   <asp:Button ID="Button5" runat="server"  CommandName="Page"
44:       CommandArgument="First" Text="First" />
45:   <asp:Button ID="Button6" runat="server"  CommandName="Page"
46:       CommandArgument="Prev" Text="Prev" />
47:   <asp:Button ID="Button7" runat="server"  CommandName="Page"
48:       CommandArgument="Next" Text="Next" />
49:   <asp:Button ID="Button8" runat="server"  CommandName="Page"
50:       CommandArgument="Last" Text="Last" />
51:  </div>
52: </itemtemplate>
53: </asp:formview>
54: </div>
55: <asp:SqlDataSource ID="SqlDataSource1"runat="server" ConnectionString="<%$
56:       ConnectionStrings:Personal %>"
57:    SelectCommand="SELECT *  FROM [Photos] LEFT JOIN [Albums]
58:       ON [Albums].[AlbumID] = [Photos].[AlbumID]
59:       WHERE [Photos].[AlbumID] = @Album AND ([Albums].[IsPublic] = 1 )">
60:   <SelectParameters>
61:     <asp:QueryStringParameter DefaultValue="1" Name="AlbumID"
62:          QueryStringField="Album" />
63:   </SelectParameters>
64: </asp:SqlDataSource>
```

在以上代码中，第 3 行到第 53 行设置了数据访问控件 FormView。第 55 行到第 64 行设置了数据源控件 SqlDataSource，其中设置了一个查询语句，该查询语句中的输入参数由页面参数来传递。

重新运行使用母版后的 Details.aspx 页面如图 6-12 所示。

图 6-12 Details.aspx 的运行页面

4. 新建 Download.aspx 页面

Download.aspx 页面不需要使用母版页，实现的代码更加简单，这里只列出 HTML 代码，如代码 6-9 所示。

代码 6-9 Download.aspx 页面的 HTML 代码

```
 1: <%@ Page Language="C#" Title="张山| 下载"
     CodeFile="Download.aspx.cs" Inherits="Download_aspx" %>
 2: <html xmlns="http://www.w3.org/1999/xhtml" >
 3: <head runat="server">
 4:  <title>Untitled Page</title>
 5:……
 6: </head>
 7: <body>
 8: <form id="form1" runat="server">
 9: <div>
10:  <p>单击鼠标右键后，在弹出的菜单中选择"图片另存为..."以便下载照片。</p>
11:  <asp:formview id="FormView1" runat="server"
     datasourceid="SqlDataSource1"
     borderstyle="none" borderwidth="0" CellPadding="0" cellspacing="0">
```

```
12:    <itemtemplate>
13:     <img src="Handler.ashx?PhotoID=<%# Eval("PhotoID") %>"
                   alt='照片编号: <%# Eval("PhotoID") %>' /></itemtemplate>
14:    </asp:formview>
15:    <asp:SqlDataSource ID="SqlDataSource1" runat="server"
          ConnectionString="<%$ ConnectionStrings:Personal %>"
16:     SelectCommand="SELECT *  FROM [Photos] LEFT JOIN [Albums]
        ON [Albums].[AlbumID] = [Photos].[AlbumID]
        WHERE [Photos].[AlbumID] = @Album  AND ([Albums].[IsPublic] = 1 )">
17:     <SelectParameters>
18:      <asp:QueryStringParameter DefaultValue="1" Name="AlbumID"
             QueryStringField="Album" />
19:     </SelectParameters>
20:    </asp:SqlDataSource>
21:   </div>
22:   </form>
23:   </body>
24:</html>
```

以上代码主要分为两个部分，第一部分是数据源的设置，见第 15 行到第 20 行，其中第 16 行构造了一个查询 SQL 语句，含有一个输入参数 Album，第 18 行设置了输入参数 Album 的来源于页面的传递参数；第二部分是数据访问控件的设置，见第 11 行到第 14 行，其中的第 13 行用于显示一张照片。

重新运行使用样式表装饰后的 Download.aspx 页面如图 6-13 所示。

图 6-13　Download.aspx 的运行页面

5. 新建 Admin 目录下的 Albums.aspx 页面

新建 Albums.aspx 页面，这里只列出需要插入到内容占位符中的有关代码，如代码 6-10 所示。

代码 6-10　在 Albums.aspx 中插入内容占位符的 HTML 代码

```
 1: <div class="shim column"></div>
 2:
 3: <div class="page" id="admin-albums">
 4:
 5: <div id="sidebar">
 6:   <h3>增加新的相册</h3>
 7:   p>在新建相册后，再上载照片。</p>
 8:   <asp:FormView ID="FormView1" Runat="server"
               DataSourceID="SqlDataSource1" DefaultMode="Insert"
               BorderWidth="0" CellPadding="0">
 9:     <InsertItemTemplate>
10:      <asp:RequiredFieldValidator    ID="RequiredFieldValidator1"
           Runat="server" ErrorMessage="你必须选择相册的标题。"
           ControlToValidate="TextBox1" Display="Dynamic"
           Enabled="false" />
11:      <p>相册的标题<br />
12:      <asp:TextBox ID="TextBox1" Runat="server" Width="200"
              Text='<%# Bind("Caption") %>' CssClass="textfield" />
13:       <asp:CheckBox ID="CheckBox2" Runat="server"
              checked='<%# Bind("IsPublic") %>' text="设定该相册公开" />
14:      </p>
15:      <p style="text-align:right;">
16:      <asp:Button ID="ImageButton1" Runat="server"
              CommandName="Insert" text="add"/>
17:      </p>
18:     </InsertItemTemplate>
19:   </asp:FormView>
20: </div>
21:
22: <div id="content">
23:   <h3>我的相册</h3>
24:   <p>以下显示了该站点的相册。 单击 <b>Edit</b> 可以修改每个相册中的照片。
           单击<b>Delete</b>将会删除该相册以及相册中的所有照片。</p>
25:
26: <asp:gridview id="GridView1" runat="server"
          datasourceid="SqlDataSource1" datakeynames="AlbumID"
          cellpadding="6"autogeneratecolumns="False" BorderStyle="None"
          BorderWidth="0px" width="420px" showheader="false">
27:   <EmptyDataTemplate>
28:      目前还没有建立相册。
29:   </EmptyDataTemplate>
30:   <EmptyDataRowStyle CssClass="emptydata"></EmptyDataRowStyle>
31:   <columns>
32:    <asp:TemplateField>
33:      <ItemStyle Width="116" />
34:      <ItemTemplate>
35:        <table border="0" cellpadding="0" cellspacing="0"
                class="photo-frame">
36:         <tr>
37:          <td class="topx--"></td>
```

```
38:            <td class="top-x-"></td>
39:            <td class="top--x"></td>
40:        </tr>
41:        <tr>
42:            <td class="midx--"></td>
43:            <td><a href='Photos.aspx?AlbumID=<%# Eval("AlbumID") %>'>
                <img src="../Handler.ashx?AlbumID=<%# Eval("AlbumID") %>
                &Size=S" class="photo_198" style="border:4px solid white"
                alt="测试照片来自于相册编号：<%# Eval("AlbumID") %>" /></a></td>
44:            <td class="mid--x"></td>
45:        </tr>
46:        <tr>
47:            <td class="botx--"></td>
48:            <td class="bot-x-"></td>
49:            <td class="bot--x"></td>
50:        </tr>
51:        </table>
52:        </ItemTemplate>
53:    </asp:TemplateField>
54:
55:    <asp:TemplateField>
56:      <ItemStyle Width="280" />
57:      <ItemTemplate>
58:        <div style="padding:8px 0;">
59:        <b><%# Server.HtmlEncode(Eval("Caption").ToString()) %></b><br />
60:        <%# Eval("NumberOfPhotos")%> 张照片<asp:Label ID="Label1"
            Runat="server" Text=" Public" Visible='<%# Eval("IsPublic") %
            >'></asp:Label>
61:        </div>
62:        <div style="width:100%;text-align:right;">
63:        <asp:Button ID="ImageButton2" Runat="server"
                CommandName="Edit" text="rename" />
64:        <a href='<%# "Photos.aspx?AlbumID=" + Eval("AlbumID") %>'>edit</a>
65:        <asp:Button ID="ImageButton3" Runat="server"
                CommandName="Delete" text="delete" />
66:        </div>
67:      </ItemTemplate>
68:      <EditItemTemplate>
69:        <div style="padding:8px 0;">
70:        <asp:TextBox ID="TextBox2" Runat="server" Width="160"
                Text='<%# Bind("Caption") %>' CssClass="textfield" />
71:        <asp:CheckBox ID="CheckBox1" Runat="server"
                checked='<%# Bind("IsPublic") %>' text="Public" />
72:        </div>
73:        <div style="width:100%;text-align:right;">
74:        <asp:Button ID="ImageButton4" Runat="server"
                CommandName="Update" text="save" />
75:        <asp:Button ID="ImageButton5" Runat="server"
                CommandName="Cancel" text="cancel" />
76:        </div>
77:      </EditItemTemplate>
78:    </asp:TemplateField>
```

```
79:      </columns>
80:   </asp:gridview>
81:   </div></div>
82:   <asp:SqlDataSource ID="SqlDataSource1" runat="server"
              ConnectionString="<%$ ConnectionStrings:Personal %>"
83:
84:      SelectCommand="SELECT [Albums].[AlbumID], [Albums].[Caption],
                [Albums].[IsPublic],
                Count([Photos].[PhotoID]) AS NumberOfPhotos
                FROM [Albums] LEFT JOIN [Photos]
                        ON [Albums].[AlbumID] = [Photos].[AlbumID]
                GROUP BY [Albums].[AlbumID], [Albums].[Caption],
                        [Albums].[IsPublic]"
85:
86:      InsertCommand="INSERT INTO [Albums] ([Caption],[IsPublic])
                        VALUES (@Caption, @IsPublic )"
87:      DeleteCommand="DELETE FROM [Albums] WHERE [AlbumID] = @AlbumID"
88:
89:      UpdateCommand="UPDATE [Albums] SET [Caption] = @Caption,
                [IsPublic] = @IsPublic WHERE [AlbumID] = @AlbumID">
90:   </asp:SqlDataSource>
```

在上述代码中，使用样式表，将整个页面划分为左右两个部分。左边部分实现添加相册的功能，见代码第 5 行到第 20 行；右边部分则是表格显示相册，见代码第 22 行到第 81 行；代码第 82 行到第 90 行设置了数据源控件 SqlDataSource。

重新运行使用母版后的 Albums.aspx 页面，如图 6-14 所示。

图 6-14　Albums.aspx 的运行页面

6. 新建 Admin 目录下的 Photos.aspx 页面

新建 Photos.aspx 页面，这里只列出需要插入到内容占位符中的有关代码，如代码 6-11 所示。

代码 6-11　在 Photos.aspx 中插入内容占位符的 HTML 代码

```
 1: <div class="page" id="admin-photos">
 2: <div id="sidebar">
 3:   <h4>批量上载照片</h4>
 4:   <p>在文件夹<b>Upload</b>中有以下文件。单击<b>Import</b>
以便导入这些照片到相册中去。导入过程需要一定的时间。</p>
 5:   <asp:Button ID="ImageButton1" Runat="server"
onclick="Button1_Click" text="import" />
 6:   <br /><br />
 7:
 8:   <asp:datalist runat="server" id="UploadList" repeatcolumns="1"
repeatlayout="table" repeatdirection="horizontal">
 9:     <itemtemplate>
10:       <%#  Container.DataItem %>
11:     </itemtemplate>
12:   </asp:datalist>
13: </div>
14:
15: <div id="content">
16:     <h4>增加照片</h4>
17:     <p>增加单独的照片，选择文件和照片标题后，单击<b>Add</b>.</p>
18:     <asp:FormView ID="FormView1" Runat="server"
                DataSourceID="SqlDataSource1" DefaultMode="insert"
                BorderWidth="0px" CellPadding="0"
                OnItemInserting="FormView1_ItemInserting">
19:     <InsertItemTemplate>
20:       <asp:RequiredFieldValidator   ID="RequiredFieldValidator1"
                Runat="server" ErrorMessage="必须选择一个标题。"
                ControlToValidate="PhotoFile" Display="Dynamic"
                Enabled="false" />
21:       <p>照片<br />
22:       <asp:FileUpload ID="PhotoFile" Runat="server" Width="416"
                FileName='<%# Bind("OriginalFileName") %>'
                CssClass="textfield" /><br />
23:       标题<br />
24:       <asp:TextBox ID="PhotoCaption" Runat="server" Width="326"
                Text='<%# Bind("Caption") %>' CssClass="textfield" />
25:       </p>
26:       <p style="text-align:right;">
27:       <asp:Button ID="AddNewPhotoButton" Runat="server"
                CommandName="Insert" text="add"/></p>
28:     </InsertItemTemplate>
29:   </asp:FormView>
30:   <hr />
```

```
31:     <h4>该相册中的所有照片</h4>
32:     <p>以下显示了该相册中的所有照片。</p>
33:     <asp:gridview id="GridView1" runat="server"
                datasourceid="SqlDataSource1"
                datakeynames="PhotoID" cellpadding="6"
                EnableViewState="false"
                autogeneratecolumns="False" BorderStyle="None"
                BorderWidth="0px" width="420px" showheader="false" >
34:     <EmptyDataRowStyle CssClass="emptydata"></EmptyDataRowStyle>
35:     <EmptyDataTemplate>
36:         当前没有照片。
37:     </EmptyDataTemplate>
38:     <columns>
39:      <asp:TemplateField>
40:      <ItemStyle Width="50" />
41:      <ItemTemplate>
42:         <table border="0" cellpadding="0" cellspacing="0"
                    class="photo-frame">
43:         <tr>
44:          <td class="topx--"></td>
45:          <td class="top-x-"></td>
46:          <td class="top--x"></td>
47:         </tr>
48:         <tr>
49:          <td class="midx--"></td>
50:          <td><a href='Details.aspx?AlbumID=<%# Eval("AlbumID") %>
              &Page=<%# ((GridViewRow)Container).RowIndex %>'>
       <img src='../Handler.ashx?Size=S&PhotoID=<%# Eval("PhotoID") %>'
              class="photo_198" style="border:2px solid white;
       width:50px;" alt='照片编号: <%# Eval("PhotoID") %>' /></a></td>
51:          <td class="mid--x"></td>
52:          </tr>
53:          <tr>
54:           <td class="botx--"></td>
55:           <td class="bot-x-"></td>
56:           <td class="bot--x"></td>
57:          </tr>
58:          </table>
59:        </ItemTemplate>
60:       </asp:TemplateField>
61:       <asp:boundfield headertext="Caption" datafield="Caption" />
62:       <asp:TemplateField>
63:        <ItemStyle Width="150" />
64:        <ItemTemplate>
65:         <div style="width:100%;text-align:right;">
66:         <asp:Button ID="ImageButton2" Runat="server"
                    CommandName="Edit" text="rename" />
67:         <asp:Button ID="ImageButton3" Runat="server"
                    CommandName="Delete" text="delete" />
68:         </div>
69:        </ItemTemplate>
70:        <EditItemTemplate>
```

```
71:              <div style="width:100%;text-align:right;">
72:                <asp:Button ID="ImageButton4" Runat="server"
                       CommandName="Update" text="save" />
73:                <asp:Button ID="ImageButton5" Runat="server"
                       CommandName="Cancel" text="cancel" />
74:              </div>
75:              </EditItemTemplate>
76:          </asp:TemplateField>
77:        </columns>
78:      </asp:gridview>
79: </div>
80: </div>
81:
82:<asp:SqlDataSource ID="SqlDataSource1" Runat="server"
           ConnectionString="<%$ ConnectionStrings:Personal %>"
83:
84:    SelectCommand="SELECT * FROM [Photos] LEFT JOIN [Albums]
                      ON [Albums].[AlbumID] = [Photos].[AlbumID]
                      WHERE [Photos].[AlbumID] = @AlbumID "
85:    InsertCommand="INSERT INTO [Photos] ( [AlbumID], [OriginalFileName],
        [Caption], [LargeFileName], [MediumFileName], [SmallFileName] )
         VALUES (@AlbumID, @OriginalFileName, @Caption, @LargeFileName,
                      @MediumFileName, @SmallFileName )"
86:    DeleteCommand="DELETE FROM [Photos] WHERE [PhotoID]    = @PhotoID"
87:    UpdateCommand="UPDATE [Photos] SET [Caption] = @Caption
               WHERE [PhotoID]   = @PhotoID" >
88:
89:    <SelectParameters>
90:      <asp:QueryStringParameter Name="AlbumID" Type="Int32"
                QueryStringField="AlbumID" />
91:    </SelectParameters>
92:    <InsertParameters>
93:      <asp:QueryStringParameter Name="AlbumID" Type="Int32"
                QueryStringField="AlbumID" />
94:    </InsertParameters>
95: </asp:SqlDataSource>
```

在上述代码中，代码第 2 行到第 13 行实现页面左边部分的批量上载部分；代码第 15 行到第 79 行实现页面左边部分的增加照片以及照片的表格显示、编辑部分；代码第 82 行到第 95 行则是设置了数据源控件 SqlDataSource。

这里需要说明的是，除了添加上述 HTML 代码之外，还需要在页面的后置代码中添加相关代码。

重新运行使用母版后的 Photos.aspx 页面，如图 6-15 所示。

7. 新建 Admin 目录下的 Details.aspx 页面

新建 Details.aspx 页面，这里只列出需要插入到内容占位符中的有关代码，如代码 6-12 所示。

图 6-15　Photos.aspx 的运行页面

代码 6-12　在 Details.aspx 中插入内容占位符的 HTML 代码

```
1: <div class="page" id="admin-details">
2: <asp:formview id="FormView1" runat="server"
          datasourceid="SqlDataSource1" cssclass="view"
          borderstyle="none" borderwidth="0" CellPadding="0"
          cellspacing="0" EnableViewState="false">
3:  <itemtemplate>
4:   <p><%# Server.HtmlEncode(Eval("Caption").ToString()) %></p>
5:   <table border="0" cellpadding="0" cellspacing="0"
              class="photo-frame">
6:    <tr>
7:     <td class="topx--"></td>
8:     <td class="top-x-"></td>
9:     <td class="top--x"></td>
10:    </tr>
11:    <tr>
12:     <td class="midx--"></td>
13:     <td><img src="../Handler.ashx?PhotoID=<%# Eval("PhotoID") %>
              &Size=L" class="photo_198" style="border:4px solid white"
              alt='照片编号: <%# Eval("PhotoID") %>' /></a></td>
14:     <td class="mid--x"></td>
15:    </tr>
16:    <tr>
17:     <td class="botx--"></td>
```

```
18:          <td class="bot-x-"></td>
19:          <td class="bot--x"></td>
20:        </tr>
21:     </table>
22:     <p> </p>
23:   </itemtemplate>
24: </asp:formview>
25: </div>
26:
27: <asp:SqlDataSource ID="SqlDataSource1" runat="server"
           ConnectionString="<%$ ConnectionStrings:Personal %>"
28:
29:    SelectCommand="SELECT * FROM [Photos] LEFT JOIN [Albums] ON
                    [Albums].[AlbumID] = [Photos].[AlbumID]
                    WHERE [Photos].[AlbumID] = @AlbumID ">
30:
31:    <SelectParameters>
32:      <asp:QueryStringParameter Name="AlbumID" Type="Int32"
              QueryStringField="AlbumID" DefaultValue="1"/>
33:    </SelectParameters>
34: </asp:SqlDataSource>
```

在上述代码中，代码第 2 行到第 23 行通过 FormView 控件显示了照片；代码第 27 行到第 34 行则设置了数据源控件 SqlDataSource。

重新运行使用母版后的 Details.aspx 页面，如图 6-16 所示。

图 6-16　Details.aspx 的运行页面

114

6.2　实训 2——网站导航

网站是由许许多多的页面所组成的，网站中页面之间的导航，即页面之间的相互链接，随着网站规模的越来越复杂而变得越来越不容易管理，特别是当页面结构发生变化，如增加新的页面、删除旧的页面时，网站管理员将面临巨大的挑战。

为解决网站中页面间的导航问题，ASP.NET 提供了很好的解决方案。通过 XML 格式的站点地图文件（Web.sitemap）集中定义整个网站的层次结构，而且这种层次结构与真正的页面存储物理结构无关，非常容易地实现网站中页面的管理与导航。

在 Visual Studio 2005 中，提供了可视化的导航控件，如 TreeView、SiteMapPath 以及 Menu 控件，从而不需要编写代码就可以非常方便地实现页面的导航。

6.2.1　创建一个网站以及站点地图文件

在实现网站的导航过程中，首先需要创建一个网站以及一个站点地图文件。

1．新建 SiteNavigation 网站

在 Visual Studio 2005 中，单击"文件"菜单中的"新建网站"命令，在打开的"新建网站"对话框中选择"ASP.NET 网站"项目模板，使用"文件系统"，网站的名称设定为 SiteNavigation，如图 6-17 所示。

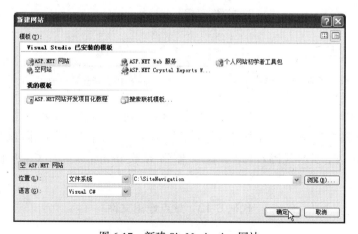

图 6-17　新建 SiteNavigation 网站

单击"确定"按钮后，Visual Studio 2005 会新建一个含有 App_Data 目录以及一个 Default.aspx 页面的 SiteNavigation 网站。

右键单击"解决方案资源管理器"窗格中的 Default.aspx 文件，在弹出的快捷菜单中选择"重命名"命令，将 Default.aspx 文件更名为 Home.aspx 文件，然后选择该文件，在 Visual Studio 2005 的设计视图中输入"Home"，并将该文字设定为"Heading 1"样式。

然后右键单击"解决方案资源管理器"窗格中的 SiteNavigation 项目，在弹出的快捷菜单中选择"添加新项"命令，新建一个 Products.aspx 页面，选择该文件，并在 Visual Studio 2005 的设计

视图中输入"Products",并将该文字设定为"Heading 1"样式。

重复上述步骤,分别再新建 Hardware.aspx 页面、Software.aspx 页面、Services.aspx 页面、Training.aspx 页面、Consulting.aspx 页面和 Support.aspx 页面,并分别在其页面中输入与文件名相同的文字,如在 Hardware.aspx 页面中输入"Hardware",并将该文字设定为"Heading 1",在 Software.aspx 页面中输入"Software",并将该文字设定为"Heading 1"样式等,这里不再重复。

到此为止,在 SiteNavigation 网站中新建了 8 个页面,其网站目录结构如图 6-18 所示。

2. 建立站点地图文件

右键单击"解决方案资源管理器"窗格中的 SiteNavigation 项目,在弹出的快捷菜单中选择"添加新项"命令,在项目模板中选择第 6 行第 2 列的"站点地图"模板,如图 6-19 所示,此时新建的文件名称为 Web.sitemap。这里需要说明的是,不应更改这个站点地图文件的名称,因为在 Visual Studio 2005 中,许多导航控件的数据源就是读取这个默认的 Web.sitemap 文件的。

图 6-18　SiteNavigation 网站的目录结构　　　　图 6-19　新建站点地图文件

在图 6-19 所示对话框中,单击"添加"按钮,就会新建一个空白的站点地图文件 Web.sitemap。在"解决方案资源管理器"窗格中用鼠标双击"Web.sitemap"文件,除保留第一行内容之外,删除其余的内容,并将代码 6-13 的内容复制到 Web.sitemap 文件中,然后保存 Web.sitemap 文件。

代码 6-13　站点地图文件

```
1: <siteMap>
2: <siteMapNode title="Home" description="Home" url="~/home.aspx" >
3:     <siteMapNode title="Products" description="Our products"
                    url="~/Products.aspx">
4:         <siteMapNode title="Hardware" description="Hardware we offer"
                    url="~/Hardware.aspx" />
5:         <siteMapNode title="Software" description="Software for sale"
                    url="~/Software.aspx" />
6:     </siteMapNode>
7:     <siteMapNode title="Services" description="Services we offer"
                    url="~/Services.aspx">
```

```
 8:       <siteMapNode title="Training" description="Training"
                     url="~/Training.aspx" />
 9:       <siteMapNode title="Consulting" description="Consulting"
                     url="~/Consulting.aspx" />
10:       <siteMapNode title="Support" description="Support"
                     url="~/Support.aspx" />
11:   </siteMapNode>
12:   </siteMapNode>
13:</siteMap>
```

站点地图文件是一个 XML 格式的文件，通过该文件可以实现站点结构的集中管理。在上述代码的站点地图文件中，将 SiteNavigation 网站中的 8 个页面设定为 3 个层次。第 1 个层次是 Home.aspx 页面，第 2 个层次是 Products.aspx 页面和 Services.aspx 页面。其中通过 Products.aspx 页面链接到第 3 个层次页面，即 Hardware.aspx 页面和 Software.aspx 页面；通过 Services.aspx 页面链接到第 3 个层次页面，即 Training.aspx 页面、Consulting.aspx 页面以及 Support.aspx 页面。

从这里可以看出，SiteNavigation 网站的站点地图的层次结构与 SiteNavigation 网站的目录结构是没有关联的，便于对网站的集中管理。

6.2.2　使用 TreeView 控件实现导航

在 Visual Studio 2005 中，打开 Home.aspx 页面，在设计视图下，将控件工具箱"数据"控件组中的"SiteMapDataSource"控件拖放到 Home.aspx 页面的适当位置，该数据源控件在使用时不需要进行任何设置，它将自动读取站点地图文件 Web.sitemap 中的内容。

然后将控件工具箱"Navigation"控件组中的"TreeView"控件拖放到 Home.aspx 页面，单击"TreeView"控件右上方的智能任务菜单，并在出现的任务菜单中选择数据源，如图 6-20 所示。

选择 SiteMapDataSource1 为数据源后，"TreeView"控件的界面会马上发生变化，自动读取 Web.sitemap 中的内容并显示 SiteNavigation 网站的层次结构，如图 6-21 所示。

图 6-20　选择数据源

图 6-21　选择数据源后

图 6-22 是 Home.aspx 页面的运行界面，在 TreeView 控件中显示了 SiteNavigation 网站中 8 个页面的层次结构，非常清楚，一目了然。单击 Home 左边的折叠、展开按钮，可以将 Home 所包含的页面折叠隐藏或列出显示，非常方便。

单击"TreeView"控件中的每个页面链接，可以转移到相关的页面，实现页面的导航。而这一功能的实现并不需要编写相关的代码。

这里只在 Home.aspx 页面中添加了导航的控件 TreeView，如果要实现 8 个页面之间的相互链接，还需要在其他的 7 个页面中分别添加导航控件 TreeView，这里不再重复。

图 6-22　Home.aspx 页面的运行界面

6.2.3　使用 SiteMapPath 控件显示导航路径

Visual Studio 2005 还提供了 SiteMapPath 控件，用来显示导航的路径，即显示当前的页面以及该页面所处的层次路径。

在 Visual Studio 2005 中，打开 Products.aspx 页面，在设计视图下，将控件工具箱"数据"控件组中的"SiteMapPath"控件拖放到 Products.aspx 页面中文字"Products"的下方，在使用 SiteMapPath 控件时也不需要进行任何设置，它将自动读取站点地图文件 Web.sitemap 中的内容，显示页面的路径，如图 6-23 所示。

Products	**Hardware**
Home > Products	Home > Products > Hardware
图 6-23　Products.aspx 页面	图 6-24　Hardware.aspx 页面

重复上述步骤，在 Hardware.aspx 页面中也添加"SiteMapPath"控件，其显示的内容如图 6-23 所示，最后的路径名称表示当前页面的名称，前面的路径名称用链接地址来表示，同样表示相关页面的名称，并分别表明不同的层次，如 Home 属于第一层次，Products 属于第二层次，单击相关的链接路径，可以转移到相关的页面。

图 6-25 是 Hardware.aspx 页面的运行界面。

图 6-25　Hardware.aspx 页面的运行界面

这里需要说明的是，SiteMapPath 控件显示了当前的页面以及到达该当前页面的层次路径，但该路径并不表示用户浏览页面的历史路径。

6.2.4　使用 Menu 控件实现导航菜单

在 Visual Studio 2005 中，控件工具箱 Navigation 控件组中还提供了 Menu 控件，实现菜单形式的页面导航。

在 Visual Studio 2005 中打开 Products.aspx 页面，在设计视图下，将控件工具箱"导航"控件组中的"Menu"控件拖放到 Products.aspx 页面中"SiteMapPath"控件的下方，然后单击"Menu"控件右上方的任务菜单，如图 6-26 所示，在其中选择数据源，选择"新建数据源"后，打开如图 6-27 所示的选择数据源类型界面。

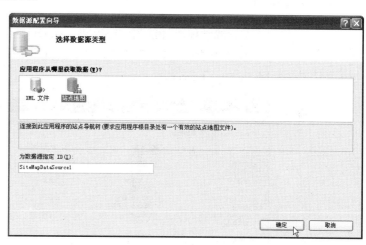

图 6-26　选择数据源　　　　　　　　　　　　　　图 6-27　选择数据源类型

在图 6-27 中，选择"站点地图"类型的数据源，即 Menu 控件的数据源来自于站点地图文件 Web.sitemap，然后单击"确定"按钮即可。

Products.aspx 页面的运行界面如图 6-28 所示。

图 6-28　Products.aspx 页面的运行界面

在图 6-28 中，将鼠标移动到 Menu 控件的相关位置，将会出现 Home 下的子菜单 Product 以及子菜单 Services，还有 Services 下的子菜单 Training、Consulting 以及 Support。单击菜单中的任意一个链接，就可以实现页面之间的转移。

6.2.5 在母版页中实现站点导航

在实现 SiteNavigation 网站页面导航的过程中，有 8 个页面，根据需要在每一个页面添加相关的导航控件，这对于一个页面数量不大的网站来说是无关紧要的，但对于一个成百上千页面的大中型网站来说，工作量是巨大的，而且一旦要修改导航控件的界面和位置，网站管理员将面临巨大的挑战。

为解决上述问题，ASP.NET 提供了很好的母版页解决方案。通过定义一个或多个母版页，类似于模板的概念，将共同拥有的页面外观集中在一个或几个母版中，便于页面的制作、修改和管理。

1. 新建母版页

右键单击"解决方案资源管理器"窗格中的 SiteNavigation 项目，在弹出的快捷菜单中选择"添加新项"命令，在项目模板中选择第 1 行第 2 列的"母版页"模板，如图 6-29 所示，此时新建的母版页文件名称为 MasterPage.master。

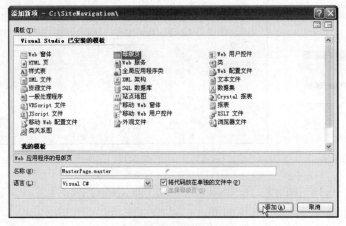

图 6-29　新建母版页

在图 6-29 中单击"添加"按钮，即可新建一个名称为 MasterPage.master 的母版页。

2. 在母版页中添加导航控件

在母版页 MasterPage.master 的设计视图中，单击内容占位符控件，在按下键盘的"向左箭头"键后，再按下空格键，此时会在内容占位符控件的上部插入一个空白行。

将控件工具箱"数据"控件组中的"SiteMapDataSource"控件拖放到 MasterPage.master 页面的内容占位符控件的上方位置，然后单击"SiteMapDataSource"控件，在按下键盘的"向右箭头"键后，再按下空格键，此时会在"SiteMapDataSource"控件的下方插入一个空白行。

单击 Visual Studio 2005 的"布局"菜单中的"插入表"命令，用于在当前的光标位置，即在"SiteMapDataSource"控件的下方插入一个表格，打开如图 6-30 所示的"插入表格"对话框，这里设定表格的行数为 1，列数为 2，宽度为 100%，然后单击"确定"按钮，即可插入一个 1 行 2 列的表格。

　　将控件工具箱"Navigation"控件组中的"TreeView"控件拖放到表格的左边一列，并在"TreeView"控件的任务菜单中将数据源选择为 SiteMapDataSource1；然后将控件工具箱"Navigation"控件组中的"SiteMapPath"控件拖放到表格的右边一列。用鼠标单击表格右边一列中的空白处，并按下 Shift+Enter 组合键，在表格右边的一列中新建一个空白行，再用鼠标将内容占位符控件拖放到表格的右边单元中，在"SiteMapPath"控件的下方，图 6-31 给出了母版页MasterPage.master 的设计视图。

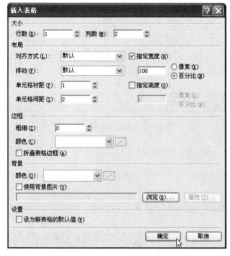

图 6-30　"插入表格"对话框

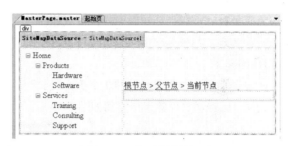

图 6-31　母版页的设计视图

3. 创建内容页面

　　在新建了母版页 MasterPage.master 后，要创建内容页面就相对简单多了。

　　右键单击"解决方案资源管理器"窗格中的 Home.aspx 页面，在弹出的快捷菜单中选择"删除"命令，将原有的 Home.aspx 页面删除。

　　重复上述步骤，将原有的其他 7 个页面分别删除。

　　再次右键单击"解决方案资源管理器"窗格中的 SiteNavigation 项目，在弹出的快捷菜单中选择"添加新项"命令，在打开的新建内容页面对话框中选择"Web 窗体"项目模板，如图 6-32 所示。

图 6-32　新建内容页面

在图 6-32 中，设定新建的页面名称为 Home.aspx，并在语言栏的右边位置选择"选择母版页"，表明该页面将会使用前面已经建立的母版页，此时将会打开如图 6-33 所示的"选择母版页"对话框。

在图 7-26 的对话框中，左边列出了 SiteNavigation 网站的目录结构，右边列出了现有的母版页列表，这里只显示了一个母版页文件：MasterPage.master，选择该母版页文件，然后单击"确定"按钮，即可完成使用母版页的 Home.aspx 页面的新建。

图 6-33 选择母版页

在 Visual Studio 2005 中打开 Home.aspx 页面的设计视图，界面如图 6-34 所示。

在 Home.aspx 页面中，只有内容占位符控件部分是可以编辑的，而母版页部分是灰色的不可编辑部分，母版部分的编辑、修改只能在母版页中实现。用鼠标单击内容占位符控件中的空白处，输入"Home"，并将该文字的格式设定为"Heading 1"。

重复这一步骤，实现其他的 7 个页面。

Products.aspx 页面的运行界面如图 6-35 所示。

图 6-34 设计 Home.aspx 页面

图 6-35 Products.aspx 页面的运行界面

6.3 实训 3——在项目化教程中实现页面导航

在本任务的实训 1 中创建了一个 Default.master 母版页，主要实现了页面导航以及网页的版权说明等功能，在页面导航中，利用普通的 HyperLink 控件，实现页面地址的链接，如果网站的页面层次结构发生变化，则需要更改母版页中的多个链接地址，并且需要在页面的头部与脚部重复同样的工作。

下面介绍通过使用页面导航控件，即使网站页面数量增加或者网站页面结构发生变化，开发者也只需要修改 web.sitemap 文件即可，便于页面的管理。

6.3.1 建立 web.sitemap

在前面的任务 2 中，曾经分析过项目化教程整个网站的层次结构，也就是 11 个页面之间的相互关系，建立站点地图文件 web.sitemap 的目的，就是通过 web.sitemap 文件描述项目化教程整个网站的层次结构。

1. 新建站点地图文件

在 Visual Studio 2005 中，右键单击"解决方案资源管理器"窗格中的项目，然后在弹出的快捷菜单中，单击"添加新项"命令，在打开的如图 6-36 所示的添加项目对话框中，选择"站点地图"模板，此时的文件名默认设置为 web.sitemap，不能修改这个文件的名称，然后单击"添加"按钮，即可在选择的项目下创建一个站点地图文件。

图 6-36　Default.master 的设计视图

单击这个站点地图文件 web.sitemap，查看其中的内容，发现该文件是一个 XML 文件，其中定义了一个简单的框架来描述站点的层次结构。

2. 设置站点地图文件

打开站点地图文件 web.sitemap，将其中的语句清空，全部删除掉，然后将代码 6-14 中的 XML 文件粘贴到其中，保存 web.sitemap 即可。

代码 6-14　站点地图文件的代码

```
 1: <?xml version="1.0"  encoding="gb2312" ?>
 2: <siteMap>
 3:  <siteMapNode title="首页" url="Default.aspx">
 4:   <siteMapNode title="简历" url="Resume.aspx" />
 5:   <siteMapNode title="链接" url="Links.aspx" />
 6:   <siteMapNode title="相册" url="Albums.aspx" >
 7:    <siteMapNode title="照片" url="Photos.aspx" >
 8:     <siteMapNode title="详细" url="Details.aspx" />
 9:    </siteMapNode>
10:   </siteMapNode>
11:   <siteMapNode title="注册" url="Register.aspx" />
12:   <siteMapNode title="相册管理" url="Admin/Albums.aspx" >
```

```
13:     <siteMapNode title="照片" url="Admin/Photos.aspx" >
14:      <siteMapNode title="详细" url="Admin/Details.aspx" />
15:     </siteMapNode>
16:   </siteMapNode>
17:  </siteMapNode>
18: </siteMap>
```

上述的 web.sitemap 描述了 LINQPWS 的页面层次结构，整个网站分 4 个层次。第 1 个层次是主页，即 Default.aspx 页面；通过 Default.aspx 页面所链接的页面地址是第 2 个层次，它们是 Resume.aspx、Links.aspx、Albums.aspx、Register.aspx 以及管理页面 Admin/Albums.aspx；在第 2 个层次中的 Resume.aspx 页面，可以链接到第 3 个层次中的页面 Photos.aspx，再通过这个 Photos.aspx 页面链接到第 4 个层次的 Details.aspx 页面。同样，在第 2 个层次中的管理页面 Admin/Albums.aspx 页面，可以链接到第 3 个层次中的页面 Admin/Photos.aspx，再通过这个 Admin/Photos.aspx 页面链接到第 4 个层次的 Admin/Details.aspx 页面。

6.3.2　使用 SiteMapDataSource

使用 SiteMapDataSource 控件是比较简单的，单击 Visual Studio 2008 左边控件工具箱中"数据"控件组下面的 SiteMapDataSource 控件，然后将其拖放到母版 Default.master 页面的下方即可。

SiteMapDataSource 控件不需要像其他数据源控件那样设置其他的参数，这是因为 SiteMapDataSource 控件内部已经绑定将站点地图文件 web.sitemap 作为它的数据源，所以站点地图文件 web.sitemap 的名称不能随意改变，否则 SiteMapDataSource 控件将找不到它的数据源。

6.3.3　使用 Menu

使用 Menu 控件也比较简单，单击控件工具箱中"导航"控件组下面的"Menu"控件，并将其拖放到母版 Default.master 页面上方的相关位置，然后在 Visual Studio 2008 右下方的属性框中设置相应的属性。

首先设置 Menu 控件的数据源，DataSourceID 当然应该为 SiteMapDataSource1；CssClass 设置为 menua 的样式；然后设置布局方式采用水平的显示方式，Orientation 设置为 Horizontal；要显示的菜单层次数目 StaticDisplayLevels 为 2，以便显示 Home 以及页面上的所有页面地址，图 6-37 是 Menu 控件的属性窗口。

图 6-37　Menu 控件的属性窗口

Menu 控件设置的详细代码如代码 6-15 所示。

代码 6-15　站点 Menu 控件设置的代码

```
1: <asp:menu id="menua" runat="server" datasourceid="SiteMapDataSource1"
2:      cssclass="menua" orientation="Horizontal"
```

```
              maximumdynamicdisplaylevels="0"
    3:        skiplinktext="" staticdisplaylevels="2"  />
```

对于母版脚部的导航，同样再次建立一个 Menu 控件，设置与上面相同的属性，只是 Menu 控件的名称为 menub，CssClass 的样式为 menub。

6.3.4 使用 SiteMapPath

使用 SiteMapPath 控件也相当简单，同样单击 Visual Studio 2008 左边控件工具箱中"导航"控件组下面的"SiteMapPath"控件，并将其拖放到母版 Default.master 页面上方的相应位置即可。

SiteMapPath 控件也不需要像其他数据源控件那样设置其他的参数，同样是因为 SiteMapPath 控件内部已经绑定将站点地图文件 web.sitemap 作为它的数据源。

在 Visual Studio 2005 右下方的属性框中可以设置 SiteMapPath 控件的相应属性，设置 SiteMapPath 控件的详细代码如代码 6-16 所示。

代码 6-16 设置站点 SiteMapPath 控件的代码

```
    1:  <asp:SiteMapPath id="SiteMapPath1" runat="server" PathSeparator=" > "
    2:           RenderCurrentNodeAsLink="true" />
```

这里设置的 SiteMapPath 控件的路径分隔符设置为">"，即用符号">"来分开各页面的标题；RenderCurrentNodeAsLink 设置为 true，表明将当前页面的路径地址设置为一个链接地址。

最后完成的 Default.master 的设计视图如图 6-38 所示。

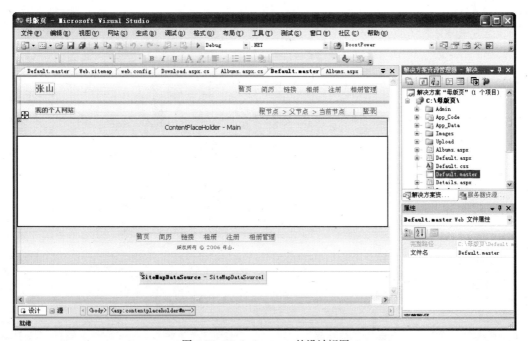

图 6-38 Default.master 的设计视图

6.4　任务小结

下面对如何实现母版页和页面导航这一工作任务作一个小结。

- 使用母版页简化页面制作：说明了如何创建、设计母版页，以及在项目化教程中使用母版页。
- 网站导航：说明了如何实现网站的页面导航，包括站点地图的创建，TreeView 控件、SiteMapPath 控件以及 Menu 控件的使用。
- 在项目化教程中设计页面导航：介绍了如何在项目化教程中实现页面导航，其中包括站点地图的创建，SiteMapDataSource 控件、TreeView 控件、SiteMapPath 控件以及 Menu 控件的使用。

6.5　思考题

1. 在互联网上查找带有源码的现有网站，使用母版页简化页面制作。
2. 在第 1 题的母版页中实现页面导航。

6.6 工作任务评测单

学习情境 2	网站开发	班级	
任务 6	母版页和页面导航	小组成员	
任务描述	在母版页和页面导航任务中，介绍如何使用母版页简化页面制作，并在项目化教程中使用母版页；说明如何实现网站的页面导航，包括站点地图的创建，TreeView 控件、SiteMapPath 控件以及 Menu 控件的使用；最后说明如何在项目化教程实现页面导航。		
任务分析	使用母版页： 网站导航： 在项目化教程中实现页面导航：		
任务实施	实施步骤（并回答思考题）。 1. 使用母版页： 2. 网站导航： 3. 在项目化教程中实现页面导航：		
工作评价	小组自评	分数：	签名： 年 月 日
	小组互评	分数：	签名： 年 月 日
	教师评价	分数：	签名： 年 月 日

使用主题和皮肤设置页面外观

任务目标

- 使用主题和皮肤。
- 在项目化教程中使用主题。
- 在项目化教程中使用皮肤。

通过实施前面的任务，实现了 4 个显示相册内容的相关页面，即 Albums.aspx 页面、Photos.aspx 页面、Details.aspx 页面和 Download.aspx 页面，以及相册管理的 3 个页面，即 Admin 目录下的 Albums.aspx 页面、Photos.aspx 页面和 Details.aspx 页面，为了美化页面，已经使用了一些样式表来定义各个页面以及页面中各个控件的一些外观。

在 Default.css 样式定义文件中，主要是定义了页面各个部分的背景、表格外观、字体、链接设置等；在 Frame.css 样式定义文件中，主要定义了页面中有关照片显示的部分，用于实现照片四周的装饰，形成美观的画框。

通过使用主题（Theme），可以定义整个网站或者一类具有一致外观和样式的网页，并且可以十分便利地改变这种外观和样式；通过使用皮肤（Skin），可以精细地装饰页面中的各个控件。

由于将主题和皮肤的文件定义与使用这些定义的页面分别实现在不同的文件夹中，因而便于对网页的外观设计与集中管理。

在使用主题和皮肤设置页面外观任务中，首先介绍了如何使用主题和皮肤，然后在项目化教程中主要实现定义两种主题来设计网页的整体风格，并使用相应的皮肤来设置页面中各个控件的样式，如网页的整体外观、背景，显示照片的外框，添加一些漂亮的照片导航按钮等，从而更加美化相关网页。

7.1 实训 1——使用主题和皮肤

为了使得网站中的页面具有一致的外观，ASP.NET 提供了主题和皮肤来美化、设定网站的页面。

7.1.1 新建一个网站和一个页面

在 Visual Studio 2005 中，单击"文件"菜单中的"新建网站"命令，在打开的"新建网站"对话框中选择"ASP.NET 网站"项目模板，使用"文件系统"，将网站的名称设定为 Themes，然后单击"确定"按钮，Visual Studio 2005 就会新建一个含有 App_Data 目录以及一个 Default.aspx 页面的 Themes 网站。

打开 Default.aspx 页面的设计视图，从控件工具箱内标准控件组中拖放一个 Calender 控件、一个 Button 控件以及一个 Label 控件到 Default.aspx 页面的适当位置，然后运行这个 Default.aspx 页面，查看在没有使用主题前的页面效果，如图 7-1 所示。

图 7-1　没有使用主题前的页面效果

从图 7-1 中可以看出，页面中的 Label 控件显示为黑色，Button 控件以及 Calender 控件则显示为默认的灰色。

7.1.2 新建主题和应用主题

新建主题，需要创建"App_Themes"目录，在该目录下创建包含主题名称的文件夹，以及在主题名称的文件夹中创建皮肤；应用主题则可以在页面设置相关代码。

1. 新建主题

右键单击"解决方案资源管理器"窗格中的 Themes 项目，在弹出的快捷菜单中选择"添加 ASP.NET 文件夹"命令，然后在子菜单中选择"主题"命令，如图 7-2 所示。

Visual Studio 2005 就会在 Themes 项目中新建一个"App_Themes"目录，并在该目录下新建一个文件夹"sampleTheme"，这个文件夹的名称就是所建立的主题名称。

2. 新建皮肤

右键单击"解决方案资源管理器"窗格中的"sampleTheme"文件夹，在弹出的快捷菜单中单击"添加新项"命令，打开如图 7-3 所示的新建外观文件对话框。

图 7-2　新建 App_Themes 目录　　　　　　　　图 7-3　新建皮肤文件

在图 7-3 中，选择第 2 行第 2 列的"外观文件"文件模板，用于新建一个皮肤文件，皮肤文件的名称设定为 SkinFile.skin。

这里需要说明的是，皮肤文件的后缀名必须定义为 skin，否则网站系统将寻找不到相关的皮肤文件，而皮肤文件的文件名则没有特别的规定。

然后在新建皮肤文件对话框中单击"添加"按钮，就可以建立一个空白的皮肤文件 SkinFile.skin，该皮肤文件位于主题 sampleTheme 之中。

将代码 7-1 中皮肤文件的内容复制到 SkinFile.skin 中，然后保存该皮肤文件。

代码 7-1　皮肤文件中的内容

```
1:  <asp:Label runat="server" ForeColor="red" Font-Size="14pt"
            Font-Names="Verdana" />
2:  <asp:button runat="server" Borderstyle="Solid" Borderwidth="2px"
            Bordercolor="Blue" Backcolor="yellow"/>
```

在以上的皮肤文件中定义了标签控件的外观，标签中的文字颜色为红色，字体大小为 14 号，字体的名称为 Verdana；按钮控件的外观设定为黄色的背景和蓝色的实线边框。

3．应用主题

要使用上述设定主题中的皮肤文件，只需在 Default.aspx 页面头部的代码中添加主题的名称即可。

此时 Default.aspx 页面的第一行代码设置为：<%@ Page　theme="sampleTheme"…%>。

Default.aspx 页面的运行界面如图 7-4 所示。

图 7-4　设置主题后的页面效果

从图中可以看出：标签和按钮使用了主题"sampleTheme"中所设定的外观，而日历控件没有在主题中设定相关的外观，所以与使用主题前的外观相比没有任何变化。

7.1.3 样式主题和个性化主题

在创建了主题之后，根据需要可以使用个性化主题（Theme），即前面介绍所使用的主题，还可以使用样式主题（Style Sheet Theme）。

样式主题与个性化主题使用相同主题中的样式或皮肤文件，不过它控制页面外观的优先级别不一样，与个性化主题相比，样式主题的优先级别要低。

也就是说，如果在一个页面中使用样式主题，若该页面中的代码又修改了该控件的外观，此时控件的外观由修改的代码来控制，而不是由样式主题来设定；而如果在一个页面中使用个性化主题，若该页面中的代码也修改了该控件的外观，由于个性化主题的优先级别高，此时控件的外观并不是由修改的代码来控制，而同样是由主题个性化来控制。

在 Visual Studio 2005 中，打开 Default.aspx 页面的代码视图，将此时 Default.aspx 页面的第一行代码由个性化主题改为样式主题，即将<%@ Page theme="sampleTheme" …%>改为<%@ Page styleSheetTheme="sampleTheme" …%>，然后按下 Ctrl+F5 组合键运行 Default.aspx 页面，此时标签的颜色与使用个性化主题相比是一样的，仍然是红色。

将 Default.aspx 页面打开到设计视图下，将 Label1 的前景色 ForeColor 设定为 blue，再次按下 Ctrl+F5 组合键运行 Default.aspx 页面，此时标签的颜色变为蓝色，这表明样式主题 styleSheetTheme 的优先级别要比页面中的外观设置要低，页面中的外观设置会覆盖样式主题。

再次将 Default.aspx 页面打开到设计视图下，将此时 Default.aspx 页面的第一行代码由样式主题改为个性化主题，即将<%@ Page styleSheetTheme="sampleTheme"…%>改为<%@ Page theme="sampleTheme"…%>，然后按下 Ctrl+F5 组合键运行 Default.aspx 页面，此时标签的颜色仍然是红色，这表明个性化主题 theme 的优先级别比页面中的外观设置要高，个性化主题会覆盖页面中的外观。

7.1.4 在整个站点中使用主题

前面说明了如何在每一个页面中通过对 Page 语句的相关设置来使用个性化主题和样式主题，如果对一个大中型网站采用这种设置方法来设置每一个页面是相当繁琐的，值得高兴的是，ASP.NET 提供了在配置文件 Web.config 中集中设置整个网站页面的主题方法，极大地方便了整个网站中一批页面主题的设置和修改。

代码 7-2 给出了 Web.config 配置文件的代码。

代码 7-2　Web.config 配置文件的代码

```
1: <configuration>
2: <system.web>
3:   <pages theme="sampleTheme"/>
4:   <compilation debug="true"/>
5: </system.web>
6: </configuration>
```

在以上的 Web.config 配置文件中，第 3 行设置了整个网站页面使用的主题是个性化主题 sampleTheme. 如果需要使用样式主题，该行的设置应该为：

```
<pages styleSheetTheme="sampleTheme"/>
```

这里需要说明的是，在 Web.config 配置文件设置了整个网站页面的主题后，不再需要在每一个页面的头部使用 Page 语句来设定主题，当然，如果某些页面需要特殊的主题，同样可以使用页面中的 Page 语句来设定主题，此时页面中设定的主题将会覆盖在 Web.config 配置文件中所设定的主题。

7.2 实训 2——在项目化教程中使用主题

在项目化教程中使用主题，首先需要在项目中创建 App_Themes 文件夹，并在 App_Themes 文件夹中，创建与主题名称相同的文件夹，然后在这个主题文件夹中设置样式、皮肤等文件，最后才可以使用主题。

7.2.1 创建 App_Themes 文件夹

在 Visual Studio 2005 中，右键单击"解决方案资源管理器"窗格中的"实训 2"项目，在弹出的快捷菜单中，选择"添加 ASP.NET 文件夹"命令，在弹出的子菜单中选择"主题"命令，新建一个 App_Themes 文件夹，如图 7-5 所示，需要注意的是，该文件夹的名称不能随意更改。系统默认在 App_Themes 文件夹下存放主题的设置，如果更改 App_Themes 文件的名称，系统将找不到相应的主题文件内容。

7.2.2 创建主题文件夹

创建了 App_Themes 文件夹后，还需要在 App_Themes 文件夹中再次创建主题文件夹。

在 Visual Studio 2005 中，所有的主题必须放在这个 App_Themes 的目录下，而在 App_Themes 下的文件夹名称就是主题名。

在 App_Themes 目录下，分别新建两个主题文件夹，这两个文件夹的名称为"White"和"Black"，此时就创建了两个主题，它们的主题名称就是文件夹的名称，即"White"和"Black"，如图 7-5 所示。

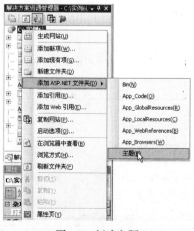

图 7-5 新建主题

7.2.3 设计主题文件

在主题目录下，可以添加相关的样式文件，即以.css 为后缀名的文件，以及其他资源文件，如图片等。

这里，将事先定义好的样式文件 Default.css 和 Frame.css，以及与样式文件相关的图片资源文件，添加到主题文件（即目录 White 和 Black）中，最后建立的主题目录结构如图 7-6 所示。

需要注意的是，如果定义了多个主题，不同主题中的文件名称应该相同，同时每个对应的文件或目录应该具有相同的结构。

例如，在主题"White"中定义了一个 Default.cs 样式文件，那么在主题"Black"中也必须定义一个相同名称的 Default.cs 样式文件；在主题"White"中存在一个目录 Images，那么在主题"Black"中也必须存在一个 Images，并且在这两个主题中 Images 目录下的各个文件名称也必须相同。

图 7-6　主题的目录结构

7.2.4 使用主题

要使用主题，根据主题的应用范围，主要有两种方式，一种是通过 Web.config 文件来使用主题；另一种是在页面的.aspx 文件顶部设置主题，或者在页面的 Page_Load 方法中使用代码方式来使用主题。

通过 web.config 文件来使用主题，可以将一个主题应用于整个网站或者一类网页，其设置方式十分简单，在目录下找到 Web.config 文件，如果在该文件的<system.web>中添加一句<pages styleSheetTheme="Black"/>，整个网站就可以使用 Black 的主题。

代码 7-3 给出了 Web.config 的整个设置文件。

代码 7-3　在 Web.config 中使用主题

```
 1: <?xml version="1.0"?>
 2: <configuration>
 3:   <appSettings/>
 4:   <connectionStrings>
 5:   <add name="Personal" connectionString="Data Source=.\SQLExpress;
 6:           Integrated Security=True;User Instance=False;
 7:           AttachDBFilename=|DataDirectory|Personal.mdf"/>
 8:   </connectionStrings>
 9:   <system.web>
10:     <pages styleSheetTheme="White"/>
11:     <compilation debug="true"/>
12:     <authentication mode="Windows"/>
13:   </system.web>
14: </configuration>
```

上述代码的第 10 行设置了所使用的主题为 White，那么整个 PWS 网站的所有网页都将使用 White 主题。需要注意的是，这里的设置属性是 styleSheetTheme，还可以使用 theme 属性来定义主题。

在页面的.aspx 文件顶部设置主题，可以使得当前页面使用该主题。例如对于 Albums.aspx 页面，如果页面的顶部设置如代码 7-4 所示的代码，那么尽管通过 Web.config 设置的整个网站的主题是 White，但在显示 Albums.aspx 页面时，将会使用的主题是 Black。

代码 7-4　在 Albums.aspx 页面中使用主题

```
1: <%@ Page Language="C#" MasterPageFile="~/Default.master"
2:     Title="Your Name Here | Albums" StylesheetTheme="Black"
3:     CodeFile="Albums.aspx.cs" Inherits="Albums_aspx" %>
```

7.3　实训 3——在项目化教程中使用皮肤

皮肤主要用来定义控件的样式以及外观，在 Visual Studio 2005 中，可以将所需要使用的控件样式及外观集中定义在一个后缀名为.skin 的皮肤文件中，并为每个定义好的控件设置一个 SkinId 的属性，这样在页面设计相同的控件时，就可以通过其中的 SkinId 来直接使用预先所定义好的控件的外观。

7.3.1　新建皮肤

要使用皮肤，首先需要新建皮肤文件，皮肤文件是一个后缀名为.skin 的文本文件，皮肤文件位于每个主题目录之下。

在 Visual Studio 2005 中，右键单击"解决方案资源管理器"窗格中的项目下的 White 目录，在弹出的快捷菜单中，单击"添加新项"菜单，在打开的添加项对话框中，选择"外观文件"模板，输入需要创建的皮肤文件的名称，然后单击"添加"按钮，即可在选择的项目下创建一个皮肤文件。

皮肤文件的名称是可以随意选取的，但是后缀名必须是.skin。在一个主题下可以新建多个皮肤文件，但是，对于多个主题来说，皮肤文件一定要相互对应，也就是说，在 White 目录下新建了 Default.skin 皮肤文件，在对应的 Black 目录下也必须建立同样名称的 Default.skin 皮肤文件；如果 White 目录下具有第 2 个皮肤文件 SkinFile.skin，那么在 Black 目录下也必须建立同样名称的 SkinFile.skin 皮肤文件。

7.3.2　设置皮肤

在设置皮肤时，在各个主题下相对应的皮肤文件的结构要一致，如果 White 目录下的 Default.skin 皮肤文件中定义了一个 Image 控件的 SkinId 为 gallary，那么在 Black 目录下的 Default.skin 皮肤文件中也必须定义一个 Image 控件的 SkinId 为 gallary。

还需要注意的是，在同一个主题下，不管有多少个皮肤文件，SkinId 必须唯一，不能重复。在一个主题下还可以定义每一种控件默认的 SkinId 属性，即在皮肤文件中不设置该控件的 SkinId 属性，不过每种控件只能使用一次。

代码 7-5 列出了在 White 主题下的 Default.skin 皮肤文件的全部内容。

代码 7-5　White 主题下的 Default.skin 皮肤文件

```
 1: <asp:imagebutton runat="server" Imageurl="Images/button-login.gif"
        skinid="login" />
 2:
 3: <asp:image runat="server" Imageurl="Images/button-create.gif"
        skinid="create" />
 4: <asp:image runat="server"
 5:      ImageUrl="Images/button-download.gif" skinid="download"/>
 6: <asp:image runat="Server" ImageUrl="images/button-dwn_res.gif"
        skinid="dwn_res" />
 7: <asp:image runat="Server" ImageUrl="images/button-gallery.jpg"
        skinid="gallery" />
 8: <asp:imagebutton runat="server" imageurl="Images/button-tog8.jpg"
        skinid="tog8"/>
 9: <asp:imagebutton runat="server" imageurl="Images/button-tog24.jpg"
        skinid="tog24"/>
10:
11: <asp:ImageButton runat="server" ImageUrl="Images/button-first.jpg"
        skinid="first"/>
12: <asp:ImageButton runat="server" ImageUrl="images/button-prev.jpg"
        skinid="prev"/>
13: <asp:ImageButton runat="server" ImageUrl="images/button-next.jpg"
        skinid="next"/>
14: <asp:ImageButton runat="server" ImageUrl="Images/button-last.jpg"
        skinid="last"/>
15:
16: <asp:image runat="Server" ImageUrl="images/album-l1.gif" skinid="b01" />
17: <asp:image runat="Server" ImageUrl="images/album-mtl.gif" skinid="b02" />
18: <asp:image runat="Server" ImageUrl="images/album-mtr.gif" skinid="b03" />
19: <asp:image runat="Server" ImageUrl="images/album-r1.gif" skinid="b04" />
20: <asp:image runat="Server" ImageUrl="images/album-l2.gif" skinid="b05" />
21: <asp:image runat="Server" ImageUrl="images/album-r2.gif" skinid="b06" />
22: <asp:image runat="Server" ImageUrl="images/album-l3.gif" skinid="b07" />
23: <asp:image runat="Server" ImageUrl="images/album-r3.gif" skinid="b08" />
24: <asp:image runat="Server" ImageUrl="images/album-l4.gif" skinid="b09" />
25: <asp:image runat="Server" ImageUrl="images/album-mbl.gif" skinid="b10" />
26: <asp:image runat="Server" ImageUrl="images/album-mbr.gif" skinid="b11" />
27: <asp:image runat="Server" ImageUrl="images/album-r4.gif" skinid="b12" />
28:
29: <asp:ImageButton Runat="server" ImageUrl="images/button-add.gif"
        skinid="add"/>
30:
31: <asp:gridview runat="server" backcolor="#606060">
32:      <AlternatingRowStyle backcolor="#656565" />
33: </asp:gridview>
34: <asp:image runat="Server" ImageUrl="Images/button-edit.gif"
        skinid="edit" />
35: <asp:ImageButton Runat="server"
```

```
36:              ImageUrl="Images/button-rename.gif" SkinID="rename" />
37: <asp:ImageButton Runat="server"
38:              ImageUrl="Images/button-delete.gif" SkinID="delete" />
39: <asp:ImageButton Runat="server"
40:              ImageUrl="Images/button-save.gif" SkinID="save" />
41: <asp:ImageButton Runat="server"
42:              ImageUrl="Images/button-cancel.gif" ="cancel" />
43: <asp:ImageButton Runat="server"
44:              ImageUrl="Images/button-import.gif" SkinID="import" />
```

从以上的皮肤文件中可以看出，皮肤文件中控件的设置与 HTML 页面中控件的设置基本一样，只是多了一个 SkinID 的属性。

根据上面的分析，在实际创建皮肤文件的过程中，首先可以通过 Visual Studio 2008 工具，在其中可视化设计各个控件的外观，然后在添加相关的 SkinID 属性定义后，即可新建相应的皮肤文件。

第 11 行到第 14 行定义了图像按钮控件的样式，这些图片保存在主题目录中的 Images 目录之下，以便应用于 Details.aspx 页面中照片的浏览按钮；第 16 行到第 27 行定义了图像控件的样式，以便应用于照片四周的画框。

对于没有定义 GridView 控件的 SkinID 属性，如第 31 行到第 33 行，称为默认的皮肤。

因为在本皮肤文件中没有为 GridView 控件设置其他皮肤，所以在页面中所有的 GridView 控件将会使用这一默认的皮肤。

7.3.3   使用皮肤

某一个控件要使用皮肤时，可以通过 Visual Studio 2005 右下方的属性框，在设置 SkinID 属性时，通过下拉列表框来选择当前可供使用的皮肤。如图 7-7 所示是设置某一图像控件的 SkinID 属性的一个界面。

图 7-7   设置控件的 SkinID 属性

1. Albums.aspx 页面

代码 7-6 列出了在 Albums.aspx 页面中数据访问控件 DataList 是如何使用皮肤的全部代

码的。

代码 7-6　在 Albums.aspx 页面的 DataList 控件中使用皮肤

```
 1: <asp:DataList ID="DataList1" runat="server" CssClass="view"
 2:          DataSourceID="SqlDataSource1" RepeatColumns="2"
 3:              RepeatDirection="Horizontal">
 4: <ItemStyle cssClass="item" />
 5:  <ItemTemplate>
 6:   <table border="0" cellpadding="0" cellspacing="0" class="album-frame">
 7:    <tr>
 8:     <td class="topx----"><asp:image runat="Server" id="b01"
                                    skinid="b01" /></td>
 9:     <td class="top-x---"><asp:image runat="Server" id="b02"
                                    skinid="b02" /></td>
10:     <td class="top--x--"></td>
11:     <td class="top---x-"><asp:image runat="Server" id="b03"
                                    skinid="b03" /></td>
12:     <td class="top----x"><asp:image runat="Server" id="b04"
                                    skinid="b04" /></td>
13:    </tr>
14:    <tr>
15:     <td class="mtpx----"><asp:image runat="Server" id="b05"
                                    skinid="b05" /></td>
16:     <td colspan="3" rowspan="3"><a href='Photos.aspx?
17:         AlbumID=<%# Eval("AlbumID") %>' >
18:      <img src="Handler.ashx?AlbumID=<%# Eval("AlbumID") %>&
19:         Size=M" class="photo_198" style="border:4px solid white"
20:      alt='Sample Photo from Album Number <%# Eval("AlbumID") %>'/></a></td>
21:     <td class="mtp----x"><asp:image runat="Server" id="b06"
                                    skinid="b06" /></td>
22:    </tr>
23:    <tr>
24:     <td class="midx----"></td>
25:     <td class="mid----x"></td>
26:    </tr>
27:    <tr>
28:     <td class="mbtx----"><asp:image runat="Server" id="b07"
                                    skinid="b07" /></td>
29:     <td class="mbt----x"><asp:image runat="Server" id="b08"
                                    skinid="b08" /></td>
30:    </tr>
31:    <tr>
32:     <td class="botx----"><asp:image runat="Server" id="b09"
                                    skinid="b09" /></td>
33:     <td class="bot-x---"><asp:image runat="Server" id="b10"
                                    skinid="b10" /></td>
34:     <td class="bot--x--"></td>
35:     <td class="bot---x-"><asp:image runat="Server" id="b11"
                                    skinid="b11" /></td>
36:     <td class="bot----x"><asp:image runat="Server" id="b12"
                                    skinid="b12" /></td>
```

```
37:       </tr>
38:       </table>
39:       <h4><a href="Photos.aspx?AlbumID=<%# Eval("AlbumID") %>">
40:       <%# Server.HtmlEncode(Eval("Caption").ToString()) %></a></h4>
41:       <%# Eval("NumberOfPhotos")%> Photo(s)
42:     </ItemTemplate>
43: </asp:DataList>
```

在以上的代码中，第 6 行到第 38 行是一个大的表格，除了中间的单元格用于显示照片外，如第 14 行到第 22 行，其余的代码全部使用的是图像控件，并使用了相应的皮肤，SkinId 从 b01 到 b12，形成照片四周的一个画框。

Albums.aspx 页面的运行界面如图 7-8 所示。

2. Photos.aspx 页面

代码 7-7 给出了在 Photos.aspx 页面中，数据访问控件 DataList 的上方及下方的 Albums.aspx 页面的链接地址是如何使用皮肤的全部代码。

图 7-8　Albums.aspx 页面的运行界面

代码 7-7　在 Photos.aspx 页面的 DataList 控件中使用皮肤

```
1: <div class="shim solid"></div>
2: <div class="page" id="photos">
3: <div class="buttonbar buttonbar-top">
4:  <a href="Albums.aspx"><asp:image ID="Image1" runat="Server"
                            skinid="gallery" /></a>
5: </div>
6: <asp:DataList ID="DataList1" runat="Server" cssclass="view"
7:         dataSourceID="SqlDataSource1" repeatColumns="4"
            repeatdirection="Horizontal"
8:         onitemdatabound="DataList1_ItemDataBound"
            EnableViewState="false">
9:  <ItemTemplate>
10:  <table border="0" cellpadding="0" cellspacing="0" class="photo-frame">
11:   <tr>
12:    <td class="topx--"></td>
13:    <td class="top-x-"></td>
14:    <td class="top--x"></td>
15:   </tr>
```

```
16:     <tr>
17:     <td class="midx--"></td>
18:     <td><a href='Details.aspx?AlbumID=<%# Eval("AlbumID") %>&
19:             Page=<%# Container.ItemIndex %>'>
20:         <img src="Handler.ashx?PhotoID=<%# Eval("PhotoID") %>&
21:             Size=S" class="photo_198" style="border:4px solid white"
22:             alt='Thumbnail of Photo Number <%# Eval("PhotoID") %>' />
            </a></td>
23:     <td class="mid--x"></td>
24:     </tr>
25:     <tr>
26:     <td class="botx--"></td>
27:     <td class="bot-x-"></td>
28:     <td class="bot--x"></td>
29:     </tr>
30:    </table>
31:    <p><%# Server.HtmlEncode(Eval("Caption").ToString()) %></p>
32:    </ItemTemplate>
33:    <FooterTemplate>
34:    </FooterTemplate>
35:  </asp:DataList>
36:  <asp:panel id="Panel1" runat="server" visible="false"
                CssClass="nullpanel">
37:        There are currently no pictures in this album.</asp:panel>
38:  <div class="buttonbar">
39:    <a href="Albums.aspx"><asp:image id="gallery" runat="Server"
            skinid="gallery" /></a>
40:  </div>
41: </div>
```

在以上的代码中，只有第 4 行和第 39 行使用了皮肤，这两个图像控件使用了 SkinId 作为 gallery 的皮肤，用于美化到 Albums.aspx 的链接地址，单击该图像，将会打开 Albums.aspx 页面。

Photos.aspx 页面的运行界面如图 7-9 所示。

图 7-9　Photos.aspx 页面的运行界面

3. Details.aspx 页面

代码 7-8 给出了在 Details.aspx 页面中，数据访问控件 FormView 中的照片浏览按钮是如何使用皮肤的全部代码。

代码 7-8　在 Details.aspx 页面的 FormView 控件中使用皮肤

```
 1: <div class="shim solid"></div>
 2: <div class="page" id="details">
 3: <asp:formview id="FormView1" runat="server"  datasourceid="SqlDataSource1"
 4:    cssclass="view" borderstyle="solid" borderwidth="0" CellPadding="0"
 5:    cellspacing="0" EnableViewState="false" AllowPaging="true">
 6: <itemtemplate>
 7:  <div class="buttonbar buttonbar-top" >
 8:   <a href="Albums.aspx"><asp:image ID="Image1" runat="Server"
         skinid="gallery" /></a>    
 9: :  <asp:ImageButton ID="ImageButton9" Runat="server" CommandName="Page"
10:       CommandArgument="First" skinid="first"/>
11:    <asp:ImageButton ID="ImageButton10" Runat="server" CommandName="Page"
12:       CommandArgument="Prev" skinid="prev"/>
13:    <asp:ImageButton ID="ImageButton11" Runat="server" CommandName="Page"
14:       CommandArgument="Next" skinid="next"/>
15:    <asp:ImageButton ID="ImageButton12" Runat="server" CommandName="Page"
16:       CommandArgument="Last" skinid="last"/>
17:  </div>
18:  <p><%# Server.HtmlEncode(Eval("Caption").ToString()) %></p>
19:  <table border="0" cellpadding="0" cellspacing="0" class="photo-frame">
20:   <tr>
21:    <td class="topx--"></td>
22:    <td class="top-x-"></td>
23:    <td class="top--x"></td>
24:   </tr>
25:   <tr>
26:    <td class="midx--"></td>
27:    <td><img src="Handler.ashx?PhotoID=<%# Eval("PhotoID") %>&
28:        Size=L" class="photo_198" style="border:4px solid white"
29:        alt='Photo Number <%# Eval("PhotoID") %>' /></td>
30:    <td class="mid--x"></td>
31:   </tr>
32:   <tr>
33:    <td class="botx--"></td>
34:    <td class="bot-x-"></td>
35:    <td class="bot--x"></td>
36:   </tr>
37:  </table>
38:  <p><a href='Download.aspx?AlbumID=<%# Eval("AlbumID") %>&
                 Page=<%# Container.DataItemIndex %>'>
39:     <asp:image runat="Server" id="DownloadButton"
            AlternateText="download this photo" skinid="download" /></a></p>
40:  <div class="buttonbar" >
41:   <a href="Albums.aspx"><asp:image ID="Image2" runat="Server"
42:        skinid="gallery" /></a>    
43:   <asp:ImageButton ID="ImageButton1" Runat="server" CommandName="Page"
44:       CommandArgument="First" skinid="first"/>
45:   <asp:ImageButton ID="ImageButton2" Runat="server" CommandName="Page"
46:       CommandArgument="Prev" skinid="prev"/>
47:   <asp:ImageButton ID="ImageButton3" Runat="server" CommandName="Page"
48:       CommandArgument="Next" skinid="next"/>
```

```
49:    <asp:ImageButton ID="ImageButton4" Runat="server" CommandName="Page"
50:       CommandArgument="Last" skinid="last"/>
51:   </div>
52: </itemtemplate>
53: </asp:formview>
54: </div>
55: <asp:SqlDataSource ID="SqlDataSource1" runat="server"
                  ConnectionString="<%$
56:       ConnectionStrings:Personal %>"
57:       SelectCommand="SELECT *  FROM [Photos] LEFT JOIN [Albums]
58:          ON [Albums].[AlbumID] = [Photos].[AlbumID]
59:          WHERE [Photos].[AlbumID] = @Album AND ([Albums].[IsPublic] = 1)">
60:    <SelectParameters>
61:     <asp:QueryStringParameter DefaultValue="1" Name="Album"
62:        QueryStringField="Album" />
63:    </SelectParameters>
64: </asp:SqlDataSource>
```

在以上的代码中，第 8 行到第 16 行、第 41 行到 50 行以及第 38 行和第 39 行分别使用了皮肤。在第 8 行到第 16 行中实现了一个图像控件的链接地址，该图像的皮肤 SkinId 为 gallery，该链接地址指向 Albums.aspx 页面，同时实现了照片浏览的 4 个图像按钮控件，它们使用的皮肤 SkinId 分别为 first、prev、next 和 last。

第 41 行到 50 行所实现的功能及使用的皮肤与第 8 行到第 16 行中的完全一样，这里不再重复。第 38 行和第 39 行实现了一个图像控件的链接地址，该图像的皮肤 SkinId 为 download，该链接地址指向 Download.aspx 页面以下载照片。

Details.aspx 页面的运行界面如图 7-10 所示。

图 7-10　Details.aspx 页面的运行界面

通过 Web.config 文件，可以十分方便地设置并改变整个网站的主题，图 7-11 是使用"White"

主题的运行页面，图 7-12 是使用"Black"主题的运行画面。

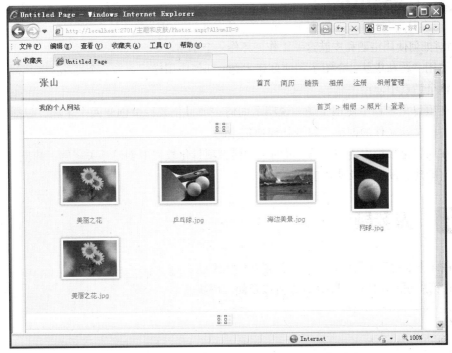

图 7-11 主题为"White"时 Albums.aspx 的运行页面

图 7-12 主题为"Black"时 Albums.aspx 的运行页面

7.4　任务小结

下面对如何使用主题和皮肤这一工作任务作一个小结。

- 使用主题和皮肤：介绍了如何创建主题，如何应用样式主题、个性化主题，以及如何在整个站点中使用主题。
- 在项目化教程中使用主题：说明了如何在项目化教程中创建两个主题，包括主题文件夹、主题文件的创建，以及如何使用主题。
- 在项目化教程中使用皮肤：说明了如何在项目化教程中创建相关主题下的皮肤，包括如何新建、设置以及使用皮肤。

7.5　思考题

1. 在任务 6 的思考题中，创建、设置并使用主题。
2. 在第 1 题的主题中，新建、设置以及使用皮肤。

7.6 工作任务评测单

学习情境 2	网站开发	班级	
任务 7	使用主题和皮肤设置页面外观	小组成员	
任务描述	在使用主题和皮肤设置页面外观任务中，首先介绍如何使用主题和皮肤，然后在项目化教程中主要实现定义两种主题来设计网页的整体风格，并使用相应的皮肤来设置页面中各个控件的样式，如网页的整体外观、背景，显示照片的外框，一些漂亮的照片导航按钮等，从而更加美化这 4 个网页		
任务分析	使用主题和皮肤： 在项目化教程中使用主题： 在项目化教程中使用皮肤：		
任务实施	实施步骤（并回答思考题）。 1. 使用主题和皮肤： 2. 在项目化教程中使用主题： 3. 在项目化教程中使用皮肤：		
工作评价	小组自评	分数：	签名：　　　年　　月　　日
	小组互评	分数：	签名：　　　年　　月　　日
	教师评价	分数：	签名：　　　年　　月　　日

任务8

使用成员及角色管理网站

任务目标

- CreateUserWizard 控件的使用。
- Login、LoginStatus 以及 LoginName 控件的使用。
- LoginView 控件的使用。

在项目化教程网站中，对于一般的浏览者，只能浏览公开的相册及其内容，对于非公开的相册，只有注册的会员才能够浏览。因此，为项目化教程网站设计了简单的成员管理功能，包括注册用户的创建、用户的登录以及登录用户的状态显示等。

有了成员管理，只是实现了用户的验证，判断用户是否存在，用户是谁的问题，还不能实现网站的管理和网站的权限分配，即用户可以做什么的问题。通过角色管理，可以实现注册用户的授权，可以浏览非公开的相册，可以管理网站、编辑相册等。

本任务主要实现成员管理以及角色管理，从而实现会员浏览非公开相册、网站管理员编辑相册等基本功能。

8.1 实训 1——网站的成员管理

在 Web 应用的开发过程中，常常会要求某些页面只允许会员或者被授权的用户才能浏览和使用，当一个普通用户浏览这些页面时，系统将会弹出一个登录窗口或者转入到指定的页面，提示用户输入用户名和密码，当用户成功登录后，才可以浏览这些页面，否则，这些用户不能查看这些页面。

为了实现上述的成员管理功能，ASP.NET 2.0 提供了新的成员 API，即 Membership API，通过新的成员 API，可以非常容易地实现网站的成员管理。

8.1.1　创建一个网站和一个页面

在实现网站的成员管理时，首先需要创建一个网站和一个新的页面。

在 Visual Studio 2005 中，用鼠标单击"文件"菜单中的"新建网站"命令，打开如图 8-1 所示的"新建网站"对话框。

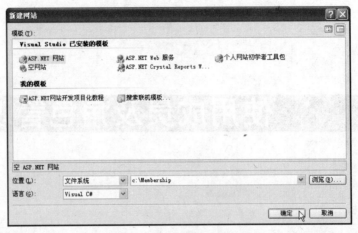

图 8-1　"新建网站"对话框

在图 8-1 中，选择"ASP.NET 网站"项目模板，以便 Visual Studio 2005 自动产生一些相关的项目以及页面，在"语言"下拉列表框中选择"Visual C#"，表明使用 Visual C#编程语言来开发这个网站，当然在具体的页面开发时，还可以选择别的编程语言，如 Visual Basic，从而可以实现在一个网站中使用多种语言的混合编程。

在"位置"下拉列表框中选择"文件系统"，输入需要新建的站点的名称为"Membership"，然后单击"OK"按钮，Visual Studio 2005 就会建立一个名称为 Memebership 的站点，其中包括一个 App_Data 目录以及一个空白的 Default.aspx 页面。

8.1.2　配置成员管理

在实际的 Web 应用开发中，要实现某些页面的保护，在一般情况下，需要将被保护的页面或者需要会员才能被浏览的页面集中存放在一个或几个专门的目录下，以便于网站管理员管理。

这里首先建立了一个 MemberPages 的目录，在 MemberPages 目录中存放需要保护的页面，或者需要会员才能被浏览的页面，然后通过网站管理工具来创建新的注册用户，最后为网站中的 MemberPages 目录建立访问的规则，从而限制只有注册用户才能访问该目录以及该目录中的页面。

1. 新建一个 Membership 目录

在前面用 Visual Studio 2005 所建立的 Membership 站点中，在 Visual Studio 2005 的右边的

"解决方案资源管理器"窗格中，用鼠标右键单击站点的名称，然后在弹出的快捷菜单中选择
"新建文件夹"命令，以便在 Membership 站点中新建一个目录，
此时 Visual Studio 2005 就会在 Membership 站点中新增一个目
录，光标也落在这个将要被命名的目录名称方框中，将这个
新建的目录命名为"MemberPages"，其界面如图 8-2 所示。

2. 新建注册用户

在 Visual Studio 2005 中，用鼠标单击"网站"菜单中的
"ASP.NET 配置"命令，打开如图 8-3 所示的网站管理工具。

图 8-2　新建一个 MemberPages 目录

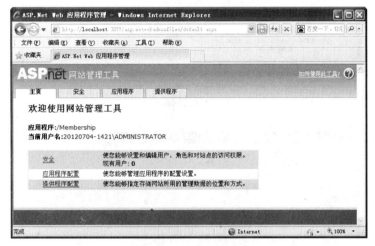

图 8-3　网站管理工具

在网站管理工具窗格中，用鼠标单击上部的"安全"标签，在打开如图 8-4 所示的界面中，单击
"选择身份验证类型"链接，打开如图 8-5 所示的界面，选择用户访问站点的方式为通过 Internet 方式。

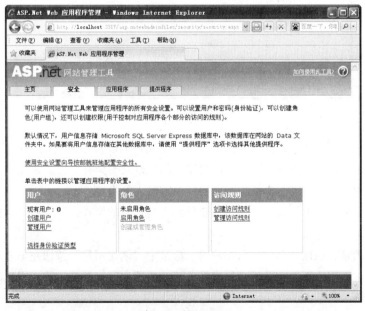

图 8-4　安全配置

在图 8-5 中单击"完成"按钮，返回到图 8-4 所示的界面，单击"创建用户"链接，打开如图 8-6 所示的新建注册用户界面。

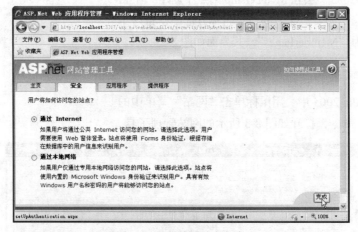

图 8-5 选择访问站点方式

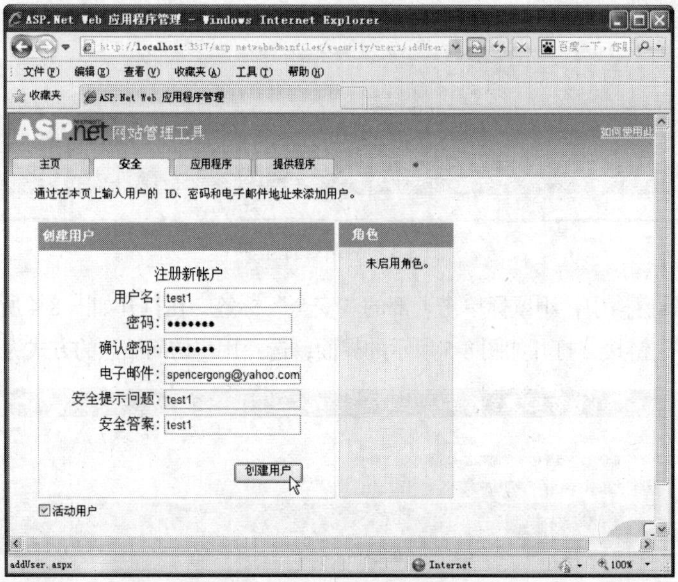

图 8-6 新建注册用户

在新建注册用户的界面中，输入名称为"test"的用户名以及相关密码，这里要求两次输入的密码必须相同，Email 地址必须合法，然后是安全问题以及安全答案，如果用户以后忘记了注册用户的密码，后面这两项内容是重新取回密码所要求输入的内容。

如果两次输入的密码不一致，或者 Email 地址不是正确的格式，系统将马上提示重新输入正确的内容。

还需要注意的是，在创建新的注册用户时，应选中"创建用户"按钮左下方的"活动用户"，此时表明创建的注册用户不再需要管理员审核，该注册用户直接就被激活，用户即刻就可以使用该用户名和密码登录网站。

然后单击"创建用户"按钮，如果注册用户被成功创建，那么就会打开如图 8-7 所示的界面。

这里需要说明的是，为加强网站的安全性，在输入用户密码的过程中，Visual Studio 2005 要求用户设置密码长度的最小值为 7，在这 7 位长度的密码中，至少有一位必须是由非字符或者非数字所组成的。

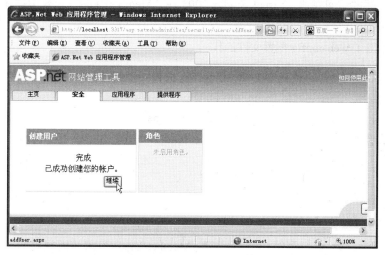

图 8-7　注册用户被成功创建

通过以上步骤成功新建了一个名为 test 的注册用户，请记住相关的密码，后面将使用这个用户名和密码登录查看被保护的页面。

3. 为 Membership 目录建立访问规则

在图 8-4 中，单击"创建访问规则"链接，按钮，打开新建访问规则界面，如图 8-8 所示。

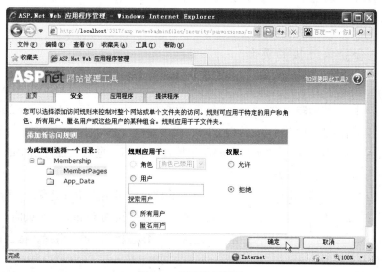

图 8-8　新建访问规则

在图 8-8 中，用鼠标单击"Membership"目录左边的目录展开按钮，然后在展开的目录中选择需要保护的"MemberPages"目录，在中间的"规则应用于"部分选择"匿名用户"，在右边的"权限"部分选择"拒绝"，然后单击"确定"按钮，即可为"MemberPages"目录建立只有注册用户登录后才能访问的规则。

成功建立了访问规则后，MemberPages 目录中的内容不允许匿名用户访问，只有注册用户才能访问。

通过建立上述的访问规则，Visual Studio 2005 在"MemberPages"目录中创建了一个新的站点配置文件 Web.config。

代码 8-1 给出了 web.config 配置文件的代码。

代码 8-1　web.config 配置文件的代码

```
1: <?xml version="1.0" encoding="utf-8"?>
2: <configuration xmlns="http://schemas.microsoft.com/.NetConfiguration/v2.0">
3:  <system.web>
4:   <authorization>
5:    <deny users="?" />
6:   </authorization>
7:  </system.web>
8: </configuration>
```

在以上代码中，第 4 行到第 6 行是实现 MemberPages 目录访问规则的关键代码，通过 <authorization>…</authorization>元素，可以定义访问规则，第 5 行表明拒绝匿名用户访问，而该配置文件 Web.config 由于存放在 MemberPages 目录之中，因此 MemberPages 目录中的所有页面不允许匿名用户访问。

8.1.3　实现用户登录

通过前面的设置，新建了一个注册用户，并对 MemberPages 目录设定了访问规则，下面来实现用户登录以及对被保护页面访问的功能。

1．新建包含登录链接的页面

在 Visual Studio 2005 中，打开前面所建立的 Membership 网站中的 Default.aspx 页面，在设计视图下，首先输入网页的标题"欢迎测试成员管理网站"，然后在 Visual Studio 2005 工具栏中的格式化按钮中设定该文字为标题 1（Heading 1）。

接下来分别将 Visual Studio 2005 中的左边控件工具箱"登录"控件组中的 LoginStatus、LoginView 控件拖放到文字的下方。

LoginStatus 控件主要显示用户是否登录的状态，如果注册用户还没有登录，LoginStatus 控件将显示"登录"链接，单击这个"登录"链接，将会自动链接到 Login.aspx 页面；如果注册用户已经登录，LoginStatus 控件将显示"注销"的链接，单击这个"注销"链接，将会自动退出登录，改变显示的状态为"登录"。

LoginView 用于定义注册用户登录前和登录后的界面模板，可以在这两种状态中设定不同的界面和内容。

为了设定注册用户登录前的文字，在图 8-9 中选择"AnonymousTemplate"，然后在图 8-10 中输入相关的文字，如"你还没有登录，请单击登录链接登入"。

图 8-9 选择 AnonymousTemplate　　　　图 8-10 输入登录前的显示文字

为了设定注册用户登录后的所需要显示的文字，在图 8-11 中选择"LoggedInTemplate"，然后在图 8-12 中输入相关的文字，如"你已成功登入，欢迎"。为了显示登录用户的名称，这里将 Login 控件组中的 LoginName 控件直接拖放到 LoggedInTemplate 界面中。

图 8-11 选择 LoggedInTemplate　　　　图 8-12 输入登录后的显示文字

2. 新建登录页面

在 Visual Studio 2005 中，用鼠标右键单击"Membership"项目，在弹出的快捷菜单中选择"添加新项"命令，在模板项目中选择"Web 窗体"，并将这个新页面设置为"Login.aspx"。

选择 Login.aspx 页面，在 Visual Studio 2005 的设计视图下，将 Visual Studio 2005 中的左边控件工具箱"Login"控件组中的"Login"控件拖放到页面的适当位置，即可完成登录页面的设计。

3. 测试登录功能

在 Visual Studio 2005 中，首先选择 Default.aspx 页面，然后运行 Membership 网站，打开如图 8-13 所示的运行界面。

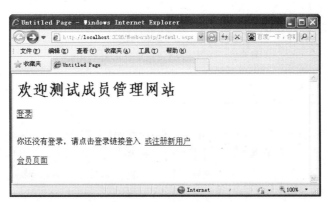

图 8-13 Default.aspx 页面

在 Default.aspx 页面中，由于此时用户还没有登录，LoginStatus 控件显示的只是一个"登录"链接；LoginView 控件显示的是 AnonymousTemplate 中所设定的内容，即"你还没有登录，请单击登录链接登入"。

单击"Default.aspx"页面中"LoginStatus"控件所显示的"登录"链接，将自动链接到另一个页面 Login.aspx，如图 8-14 所示。这里需要说明的是，转移到的页面的名称必须设定为 Login.aspx，这是 LoginStatus 控件默认的链接地址。在图 8-14 中，输入前面所建立的用户名 test 以及正确的密码后，单击 Log In 按钮，就会成功登录并返回到 Default.aspx 页面，如图 8-15 所示。

图 8-14　Login.aspx 页面

此时在图 8-15 中，由于用户已经成功登录，LoginStatus 控件显示的是"注销"链接；LoginView 控件显示"LoggedInTemplate"中所设定的内容，即"你已成功登入，欢迎"，其中的 test 文字是 LoginName 控件显示的内容。

上面说明了注册用户的登录以及相关登录控件的使用方法，下面来说明如何新建一个受保护的页面和登录这个受保护的页面。

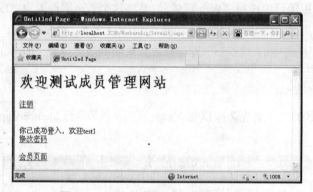

图 8-15　登录成功后的 Default.aspx 页面

4. 新建并测试 Members.aspx 页面

在 Visual Studio 2005 中，用鼠标右键单击 Membership 项目中的 MemberPages 目录，在弹出的快捷菜单中选择"添加新项"命令，在模板项目中选择"Web 窗体"，并将这个新页面设置为 Members.aspx.，由于这个页面处于 MemberPages 目录下，因此只有会员才能查看该 Members.aspx 页面。

选择 Members.aspx.页面，在 Visual Studio 2005 的设计视图下，输入网页的标题"欢迎会员光临!"，然后在 Visual Studio 2005 工具栏中的格式化按钮中设定该文字为标题 1（Heading 1）。然后在 Default.aspx 页面添加一个标准控件组中的 HyperLink 控件，将该控件的 text 属性设置为"会员页面"，将 NavigateUrl 属性设定为"~/MemberPages/Members.aspx"。这样，在 Default.aspx 页面中，单击"会员页面"链接，就可以检测是否只有会员才能浏览页面 Members.aspx。

在 Visual Studio 2005 中选择 Default.aspx 页面，然后运行 Membership 网站，打开如图 8-16 所示的界面。

在如图 8-16 所示的 Default.aspx 页面中，单击其中的"会员页面"链接，由于该链接指向的页面为 Members.aspx，而被查看的页面 Members.aspx 不允许普通用户查看，即不允许匿名用户查看，这是前面所建立的访问规则，只有登录的注册用户才有权浏览该页面，因此网站将自动转移到如图 8-17 所示的 Login.aspx 页面，要求浏览者输入用户名和密码，如果浏览者输入正确的用户名和密码后，就可以浏览 Members.aspx 页面了，如图 8-18 所示。

图 8-16　Default.aspx 页面

图 8-17　Login.aspx 页面

图 8-18　Members.aspx 页面

如果浏览者输入的用户名和密码不正确，就不能正确登录网站，该用户就不能浏览 Members.aspx 页面。

8.1.4　注册新用户

前面通过网站管理工具中的安全配置向导来新建注册用户，Visual Studio 2005 提供了可视化的 CreateUserWizard 控件来实现注册新用户的功能。

1. 新建 Register.aspx 页面

在 Visual Studio 2005 中，用鼠标右键单击 Membership 项目，在弹出的快捷菜单中选择"添加新项"命令，在模板项目中选择"Web 窗体"，并将这个新页面设置为 Register.aspx。

选择 Register.aspx 页面，在 Visual Studio 2005 的设计视图下，首先输入网页的标题"注册新用户"，然后在 Visual Studio 2005 工具栏中的格式化按钮中设定该文字为标题 1（Heading 1）。

然后将 Visual Studio 2005 中左边控件工具箱 Login 控件组中的 CreateUserWizard 控件拖放到文字的下方，并将其中的 ContinueDestinationPageUrl 属性设定为"~/Default.aspx"，表明当用户注册成功后，单击"Continue"按钮，将返回到 Default.aspx 页面。

在 Visual Studio 2005 中选择 Default.aspx 页面，在设计视图中选择 LoginView 控件，修改 AnonymousTemplate 中所设定的内容，在原有的内容后添加一个标准控件组中的 HyperLink 控件，将该控件的 Text 属性设置为"或注册新用户"，将 NavigateUrl 属性设定为"~/Register.aspx"。这样在 Default.aspx 页面中，当用户没有登录时，可以单击"或注册新用户"链接，进入 Register.aspx 页面。

2. 测试 Register.aspx 页面

在 Visual Studio 2005 中，用鼠标右键单击"Default.aspx"页面，在弹出的快捷菜单中选择"设为起始页"命令，将 Default.aspx 页面设定为网站 Membership 运行的首页，然后单击 Visual Studio 2005 工具栏中的绿色向右箭头按钮，运行网站（Start Debugging）。

在 Default.aspx 页面中，由于此时的浏览用户还没有登录进入 Membership 网站，LoginStatus 控件显示的只是一个"登录"链接，如果需要更改这个链接的显示文字，可以通过设定 LoginStatus 控件的 LoginText 属性来实现。此时的 LoginView 控件显示的是在匿名用户模板（AnonymousTemplate）中所设定的内容，即"你还没有登录，请单击登录链接登入或注册新用户"，如图 8-19 所示。

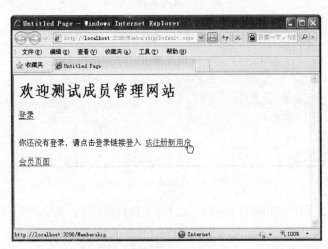

图 8-19　Default.aspx 页面

为了注册一个新用户，单击"或注册新用户"链接，即可进入 Register.aspx 页面，如图 8-20 所示，在其中输入合法的用户名、密码等必须填写的内容后，单击"创建用户"按钮，就可以一个新用户创建实现。

图 8-20　Register.aspx 页面

当新用户创建成功后，会提示用户成功创建，打开如图 8-21 所示的注册新用户成功界面，单击"继续"按钮，将返回到 Default.aspx 页面。

图 8-21　注册新用户成功

在 Default.aspx 页面中，单击"登录"链接，在登录页面 Login.aspx 中利用新建的用户名登录，登录成功后，Default.aspx 页面将显示"注销"链接，并显示成功登入的欢迎语，测试说明新建的注册页面 Register.aspx 是成功有效的。

8.1.5　更改密码

Visual Studio 2005 还提供了可视化的 ChangePassword 控件来实现用户密码的更改功能。很显然，要实现密码的更改，注册用户首先必须登录进入网站，因此，这里新建的更改密码页面 ChangePassword.aspx 将存放在只有登录用户才能浏览的 MemberPages 目录中。

1. 新建 ChangePassword.aspx 页面

在 Visual Studio 2005 中，用鼠标右键单击"Membership"项目中的"MemberPages"目录，在弹出的快捷菜单中选择"添加新项"命令，在模板项目中选择"Web 窗体"，并将这个新页面的名称设定为 ChangePassword.aspx。

选择"ChangePassword.aspx"页面，在 Visual Studio 2005 的设计视图下，在"ChangePassword.

aspx" 页面中添加一个 "Login" 控件组中的 "ChangePassword" 控件，即可完成 ChangePassword.aspx 页面的创建。

在 Visual Studio 2005 中选择 Default.aspx 页面，在设计视图中选择 LoginView 控件，修改登录用户模板（LoggedInTemplate）中所设定的内容，在原有的内容后添加一个标准控件组中的 HyperLink 控件，将该控件的 Text 属性设置为 "修改密码"，将 NavigateUrl 属性设定为 "~/.ChangePassword.aspx"。这样在 Default.aspx 页面中，当用户成功登录后，可以单击 "修改密码" 的链接，进入 ChangePassword.aspx 页面。

2. 测试 ChangePassword.aspx 页面

在 Visual Studio 2005 中，选择 Default.aspx 页面，然后单击 Visual Studio 2005 工具栏中的绿色向右箭头按钮，运行 Membership 网站。

在 Default.aspx 页面中，单击 "登录" 链接，在登录页面 Login.aspx 中输入正确的用户名和密码，登录成功后会看到如图 8-22 所示的界面。

图 8-22　Default.aspx 页面

在图 8-22 中，单击页面中的 "修改密码" 链接，打开如图 8-23 所示的修改密码页面 Change-Password.aspx。

图 8-23　ChangePassword.aspx 页面

在 ChangePassword.aspx 页面中输入修改前的密码和新密码后，单击 "更改密码" 按钮，如果旧密码正确，输入的两次新密码相同，而且新密码符合要求，即密码长度必须为 7 位，且必须包含 1 位非字符或非数字，就会打开密码修改成功的界面，如图 8-24 所示。

图 8-24 密码更改成功

在图 8-24 中，单击"继续"按钮，返回到 Default.aspx 页面，然后在 Default.aspx 页面中，单击"注销"链接退出登录，再次单击"登录"链接，利用修改后的密码重新登录，测试表明，新建的 ChangePassword.aspx 页面是成功有效的。

8.2 实训 2——项目化教程成员管理

在 Visual Studio 2005 中，提供了专门的登录控件组供开发成员的管理等功能，如会员注册、会员登录以及会员其他信息的管理。

只需要拖放控件，不需编写任何代码，即可轻松地实现一般网站所需要的成员管理等基本功能。

8.2.1 会员注册

要实现网站的成员管理，首先必须提供会员注册的页面，在项目化教程网站中，提供会员注册的页面为 Register.aspx。下面说明如何实现 Register.aspx 页面。

在 Visual Studio 2005 中，首先用鼠标右击 Visual Studio 2005 右边"解决方案资源管理器"窗格下的项目，在弹出的快捷菜单中，单击"添加新项"命令，然后在打开的如图 8-25 所示的添加项目对话框中，选择"Web 窗体"模板，在文件名框中输入需要创建的页面名称为 Register.aspx，并选中"选择母版页"，表明在新建 Register.aspx 页面时，需要使用相应的母版页，然后单击"添加"按钮。

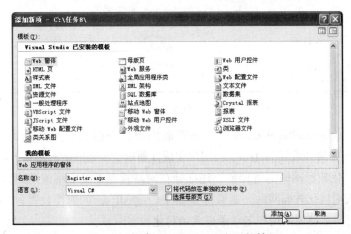

图 8-25 新建 Register.aspx 页面对话框

在如图 8-26 所示的选择母版页对话框中选择母版 Default.master，然后单击"确定"按钮，就可以新建一个空白的 Register.aspx 页面。

图 8-26　选择母版对话框

在 Visual Studio 2005 中，在设计视图下打开 Register.aspx 页面，如图 8-27 所示，在 Visual Studio 2005 左边的控件工具箱中的"登录"控件工具组下，将控件"CreateUserWizard"直接拖放到 Register.aspx 页面的中部，并在 Visual Studio 2005 右边下方的"属性"窗格中设置 CreateUserWizard 控件的相关属性。

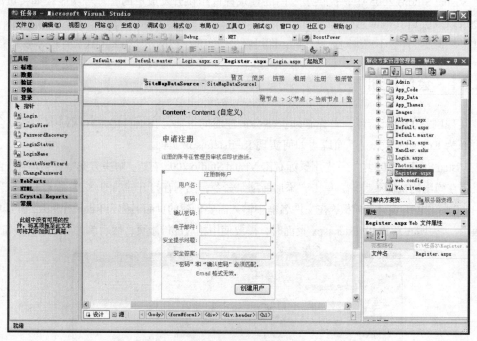

图 8-27　Register.asp 页面

在 ContinueDestinationPageUrl 项下选择完成用户注册后的链接页面为 Default.aspx；将 DisableCreatedUser 的属性设置为 True，当用户完成注册后，该用户还不能马上使用该用户名登录页面，必须经项目化教程网站的管理员，还必须在网站管理工具中将该用户设置为 Active 状态后，才能登录进入项目化教程网站。如果将 DisableCreatedUser 的属性设置为 False，则一旦用户注册完成后，即可马上使用该用户名登录进入项目化教程网站。

在 CreateUserWizard 控件中，两个密码输入框的内容必须相同，并且密码的长度需要大于 7

位数字，至少一位为非数字，这是 CreateUserWizard 控件内建的功能。

对于 E-mail 地址的输入内容，CreateUserWizard 控件没有相应的内建功能，用来验证 E-mail 地址的输入内容，但是通过 CreateUserWizard 控件的 EmailRegularExpression 属性可以设置自己所需要的验证逻辑。在 EmailRegularExpression 属性中构造自己所需要的正则表达式，可以设置极其复杂的验证逻辑。这里设置的正则表达式为 "\S+@\S+\.\S+"，只是用来判断用户输入的内容中是否包含@，如果没有包含@，就输出 CreateUserWizard 控件的 EmailRegularExpressionErrorMessage 属性内容："Email 格式无效。"。

代码 8-2 是 Register.aspx 页面中内容占位符内的代码。

代码 8-2　Register.aspx 页面中内容占位符内的代码

```
1: <div class="shim column"></div>
2: <div class="page" id="register">
3: <div id="content">
4:    <h3>申请注册</h3>
5:    <p>注册的账号在管理员审核后即被激活。</p>
6:    <asp:CreateUserWizard ID="CreateUserWizard1" Runat="server"
              ContinueDestinationPageUrl="default.aspx"
              DisableCreatedUser="True"
              EmailRegularExpression="\S+@\S+\.\S+"
              EmailRegularExpressionErrorMessage="Email 格式无效。">
7:    </asp:CreateUserWizard>
8: </div>
9: </div>
```

也许读者会困惑，CreateUserWizard 控件是如何工作的呢？下面简单介绍一下 CreateUserWizard 控件的工作原理。

在 CreateUserWizard 内部实际上封装了注册一个新用户所需要的许多基本功能，如查询该用户名是否重复，即该用户名是否已经存在；电子邮件地址是否重复；是否要新建一个注册用户等。而要完成这些功能，需要相应的数据库支持，Visual Studio 2005 中提供了 ASPNETDB.MDF 数据库，存放在项目化教程网站项目下的 App_Data 目录中。

8.2.2　会员登录

在用户成功注册了新的用户名并经过项目化教程网站的管理员激活该用户名后，就可以使用该用户名登录进入项目化教程网站了。

如果需要开发一个登录页面，必须在用户输入用户名和密码的情况下，查询相应的数据库，判断用户名和密码是否与数据库中的有关用户记录完全符合等，尽管开发这个登录页面并不复杂，但是要开发出一个功能复杂的登录页面，如登录后还可以显示用户的其他信息等，就不一定容易了。

Visual Studio 2005 提供了 Login 控件，专门用来实现会员的登录。

在 Visual Studio 2005 中，用鼠标右击 Visual Studio 2005 右边"解决方案资源管理器"窗格下的项目，在弹出的快捷菜单中，然后在出现的添加项目对话框中，选择"Web 窗体"模板，在文件名框中输入需要创建的页面名称为 Login.aspx，并选中"选择母版页"，表明在新建 Login.aspx

页面时，需要使用相应的母版页，然后单击"添加"按钮。

在选择母版对话框中选择母版 Default.master，然后单击"确定"按钮，就可以新建一个空白的 Login.aspx 页面。

然后在 Visual Studio 2005 中，在设计视图下打开 Login.aspx 页面，如图 8-28 所示，在 Visual Studio 2005 左边的控件工具箱中的"登录"控件工具组下，将控件 Login 直接拖放到 Login.aspx 页面的中部，即可完成一个注册用户的登录页面。

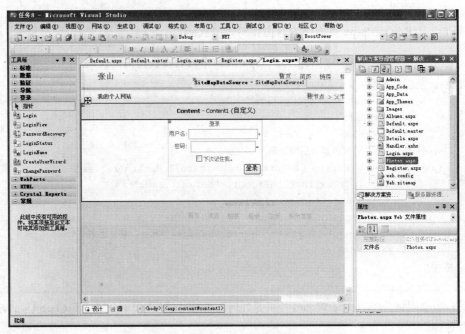

图 8-28　在 Login.aspx 页面中新建 Login 控件

不过此时默认 Login 控件的登录界面设计比较简单，要设计个性化的登录界面，可在如图 8-29 所示的页面中，用鼠标单击 Login 控件右上方的智能任务菜单中的"转换为模板"命令，即可打开如图 8-30 所示的自定义 Login 控件的界面。

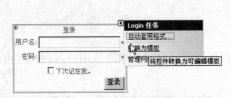

图 8-29　Login 控件界面的个性化

图 8-30　设置 Login 控件的界面

在图 8-30 中，可以更改个性化的 Login 控件界面，如登录的标题、登录按钮等。事实上，如果查看 Login 控件的代码，如代码 8-3 所示，就会知道如何在 Login 控件中方便地设置个性化的用户登录界面。

代码 8-3　设置 Login 控件个性化界面的代码

```
1: <asp:Login ID="Login1" runat="server">
2: <LayoutTemplate>
```

```
 3:  <table border="0" cellpadding="1" cellspacing="0"
                 style="border-collapse: collapse">
 4:    <tr>
 5:    <td>
 6:    <table border="0" cellpadding="0">
 7:     <tr>
 8:      <td align="center" colspan="2">Log In</td>
 9:     </tr>
10:     <tr>
11:      <td align="right"><asp:Label ID="UserNameLabel" runat="server"
12:          AssociatedControlID="UserName">User Name:</asp:Label></td>
13:      <td><asp:TextBox ID="UserName" runat="server"></asp:TextBox>
14:        <asp:RequiredFieldValidator ID="UserNameRequired" runat="server"
15:        ControlToValidate="UserName" ErrorMessage="User Name is required."
16:        ToolTip="User Name is required." ValidationGroup="Login1">*
17:        </asp:RequiredFieldValidator></td>
18:     </tr>
19:     <tr>
20:      <td align="right"><asp:Label ID="PasswordLabel" runat="server"
21:          AssociatedControlID="Password">Password:</asp:Label></td>
22:      <td><asp:TextBox ID="Password" runat="server" TextMode="Password">
23:        </asp:TextBox>
24:        <asp:RequiredFieldValidator ID="PasswordRequired"runat="server"
25:          ControlToValidate="Password"
                 ErrorMessage="Password is required."
26:          ToolTip="Password is required." ValidationGroup="Login1">*
27:        </asp:RequiredFieldValidator></td>
28:     </tr>
29:     <tr>
30:      <td colspan="2"><asp:CheckBox ID="RememberMe" runat="server"
31:                     Text="Remember me next time." /></td>
32:     </tr>
33:     <tr>
34:      <td align="center" colspan="2" style="color: red">
35:          <asp:Literal ID="FailureText" runat="server"
36:              EnableViewState="False"></asp:Literal></td>
37:     </tr>
38:     <tr>
39:      <td align="right" colspan="2"><asp:Button ID="LoginButton"
             runat="server"
40:          CommandName="Login" Text="Log In" ValidationGroup="Login1"/></td>
41:     </tr>
42:    </table>
43:    </td>
44:   </tr>
45:  </table>
46:  </LayoutTemplate>
47:  </asp:Login>
```

　　从以上代码中可以看出，Login 控件的自定义界面是在第 3 行到第 45 行之间定义的，即在块语句<LayoutTemplate></LayoutTemplate>之间定义。但是输入用户名称的文本框 ID 必须设置为 UserName，密码输入框 ID 必须设置为 Password，登录按钮的 CommandName 必须设置为

Login，这是 Login 控件预先定义好的名字，不能更改，否则就不能实现 Login 控件内部封装的功能。

根据项目化教程网站的需求，设计的 Login 控件的代码如代码 8-4 所示。

代码 8-4　Login 控件的代码

```
 1: <asp:login id="Login1" runat="server">
 2: <layouttemplate>
 3: <div class="login">
 4:  <h4>登录到网站</h4>
 5:  <asp:label runat="server" id="UserNameLabel" CssClass="label"
 6:    associatedcontrolid="UserName">用户名</asp:label>
 7:  <asp:textbox runat="server" id="UserName" cssclass="textbox"
         accesskey="u" />
 8:  <asp:requiredfieldvalidator  runat="server" id="UserNameRequired"
 9:    controltovalidate="UserName"  validationgroup="Login1"
10:    errormessage="需要输入用户名。"  tooltip="需要输入密码。" >
11:    *</asp:requiredfieldvalidator>
12:  <asp:label runat="server" id="PasswordLabel" CssClass="label"
13:    associatedcontrolid="Password">密码</asp:label>
14:  <asp:textbox runat="server" id="Password" textmode="Password"
15:    cssclass="textbox" accesskey="p" />
16:  <asp:requiredfieldvalidator runat="server" id="PasswordRequired"
17:    controltovalidate="Password" validationgroup="Login1"
18:    tooltip="Password is required." >*</asp:requiredfieldvalidator>
19:  <div>
20:  <asp:checkbox runat="server" id="RememberMe" text="下次记住我 "/>
21:  </div>
22:  <asp:imagebutton runat="server" id="LoginButton" CommandName="Login"
23:      AlternateText="login" skinid="login" CssClass="button"/>
24:    或者
25:  <a href="register.aspx" class="button"><asp:image id="Image1"
                                            runat="server"
26:      AlternateText="create a new account" skinid="create"/></a>
27:  <p><asp:literal runat="server" id="FailureText" enableviewstate="False">
28:    </asp:literal></p>
29: </div>
30: </layouttemplate>
31: </asp:login>
```

在上述代码中，第 3 行到第 29 行实现的是 Login 控件的个性化登录界面。第 4 行实现的是 Login 控件的标题；第 5 行和第 6 行实现的是用户名称的标签；第 7 行是一个用户名称的输入框，第 8 行到第 11 行是对用户名称输入内容的验证，不能输入为空，否则提示用户重新输入；第 12、13 行是一个密码的标签；第 14 行到 18 行是密码内容的输入框，以及对密码输入内容的验证。

第 20 行实现的是用户密码提示功能；第 22 行用图像按钮实现一个登录功能；第 25 行、26 行同样用一个图像按钮实现一个新用户注册的链接；第 27、28 行实现的是失败操作的反馈信息。

图 8-31 是 Login 控件运行后的页面。

图 8-31　Login 控件的运行界面

8.2.3　会员其他信息的管理

在以上的 Login.aspx 页面中设计了个性化的登录界面，当使用合法的用户名和密码登录时，有时很难判断该用户是否已经登录到网站。

要判断用户是否已经登录进入网站，Visual Studio 2005 提供了另一个控件 LoginStatus 来显示登录用户的状态，当用户没有登录进入网站时，LoginStatus 控件显示的是"登录"状态；当用户已经登录进入网站时，LoginStatus 控件显示的是"注销"状态。

使用 LoginStatus 控件非常简单，从 Visual Studio 2005 左边控件工具箱中的 Login 控件组下，将控件 LoginStatus 直接拖放到页面的适当地方即可。

这里在母版头部导航条中的最右边添加了一个 LoginStatus 控件，当用户登录项目化教程网站后，LoginStatus 控件的显示状态为"退出"，其界面如图 8-32 所示。

图 8-32　LoginStatus 控件的使用

知道了用户的登录状态，有时候还需要知道用户的登录名称，通过 Visual Studio 2005 的 LoginName 控件，可以非常容易地实现用户名称的显示。

为了更加方便地实现成员管理，Visual Studio 2005 还提供了一个 LoginView 控件用来显示用户登录前和登录后的两个页面的不同设置。

代码 8-5 给出了使用 LoginView 控件的代码。

代码 8-5 LoginView 控件的代码

```
1:  <asp:LoginView ID="LoginArea" runat="server">
2:   <AnonymousTemplate>
3:     <asp:login id="Login1" runat="server">
4:      <layouttemplate>
5:      <div class="login">
6:        <h4>登录到网站</h4>
7:        <asp:label runat="server" id="UserNameLabel" CssClass="label"
8:          associatedcontrolid="UserName">用户名</asp:label>
9:        <asp:textbox runat="server" id="UserName" cssclass="textbox"
                       accesskey="u" />
10:       <asp:requiredfieldvalidator runat="server" id="UserNameRequired"
11:         controltovalidate="UserName" validationgroup="Login1"
12:         errormessage="需要输入用户名。" tooltip="需要输入用户名。"
13:         >*</asp:requiredfieldvalidator>
14:       <asp:label runat="server" id="PasswordLabel" CssClass="label"
15:         associatedcontrolid="Password">密码 </asp:label>
16:       <asp:textbox runat="server" id="Password" textmode="Password"
17:         cssclass="textbox" accesskey="p" />
18:       <asp:requiredfieldvalidator runat="server" id="PasswordRequired"
19:         controltovalidate="Password" validationgroup="Login1"
20:         tooltip="需要输人密码。" >*</asp:requiredfieldvalidator>
21:       <div><asp:checkbox runat="server" id="RememberMe" text="下次记住我
22:          "/></div>
23:       <asp:imagebutton runat="server"id="LoginButton" CommandName="Login"
24:           AlternateText="login" skinid="login" CssClass="button"/>
25:        或者<a href="register.aspx" class="button">
26:       <asp:image id="Image1" runat="server"
               AlternateText="create a new account"
27:           skinid="create"/></a>
28:       <p><asp:literalrunat="server"id="FailureText"
                   enableviewstate="False">
29:       </asp:literal></p>
30:       </div>
31:      </layouttemplate>
32:     </asp:login>
33:   </anonymoustemplate>
34:   <LoggedInTemplate>
35:    <h4><asp:loginname id="LoginName1" runat="server"
36:        formatstring="欢迎 {0}!" /></h4>
37:   </LoggedInTemplate>
38:  </asp:loginview>
```

在以上代码中，LoginView 控件显示用户登录前的页面设置在第 2 到第 33 行的语句中，该页面实际上封装了一个前面所述的 Login 控件；LoginView 控件用于显示用户登录后的页面，通过语句块<LoggedInTemplate></LoggedInTemplate>来实现，即通过第 34 行到第 37 行的语句来实现，该页面也封装了一个 LoginName 控件。

图 8-33 所示是注册用户登录前的运行页面。如果单从页面上来看，该图与图 8-31 中的 Login

控件没有区别，但实际上该页面是将 Login 控件设置在 LoginView 控件中的登录前页面内而实现的。

图 8-33　用户登录前的页面

图 8-34 显示的是用户登录后的页面。当注册用户成功登录后，LoginView 控件将显示登录后的页面，也就是显示 LoginName 控件的内容。注册用户的名称为 test1，则登录成功后显示的内容为"欢迎 test1！"

图 8-34　用户登录后的页面

8.2.4　Default.asp 页面的实现

下面来看如何实现项目化教程网站中的 Default.asp 页面，Default.asp 页面如图 8-35 所示。

该主页面中的左边上部分是用户注册的登录部分，它是用 LoginView 控件实现的，其代码就是代码 8-4 中的代码。

Default.asp 页面左边的中间部分是一个照片的随机显示部分。要实现这一功能，需要通过两个步骤，第一个步骤是随机选择一本相册，第二个步骤是在选择的相册中，再随机选择一张照片。

图 8-35　Default.asp 页面

代码 8-6 是如何获得一个随机相册的代码。

代码 8-6　获得随机相册的代码

```
 1: public static int GetRandomAlbumID()
 2: {
 3:  using (SqlConnection connection = new SqlConnection(
 4:          ConfigurationManager.ConnectionStrings["Personal"].
                                              ConnectionString))
 5:  {
 6:   String sql = "SELECT [Albums].[AlbumID] FROM [Albums]
                  LEFT JOIN [Photos]"+
               " ON [Albums].[AlbumID] = [Photos].[AlbumID]
                WHERE [Albums].[IsPublic] = 1"+
               " GROUP BY [Albums].[AlbumID], [Albums].[Caption],
                [Albums].[IsPublic]"+
                " HAVING Count([Photos].[PhotoID]) > 0";
 7:
 8:    using (SqlCommand command = new SqlCommand(sql, connection))
 9:    {
10:     connection.Open();
11:     List<Album> list = new List<Album>();
12:     using (SqlDataReader reader = command.ExecuteReader())
13:     {
14:      while (reader.Read())
15:      {
16:       Album temp = new Album((int)reader["AlbumID"], 0, "", false);
17:       list.Add(temp);
18:      }
19:     }
20:     try
```

```
21:      {
22:       Random r = new Random();
23:       return list[r.Next(list.Count)].AlbumID;
24:      }
25:      catch
26:      {
27:       return -1;
28:      }
29:     }
30:   }
31: }
```

在以上代码中，GetRandomAlbumID()方法用于返回一个随机的相册编号值。其中第 3 句、第 4 句用于在 Web.config 配置文件中读取数据库连接字符串的值，并创建一个指定数据库的连接；第 6 句用于构建一个查询用的 SQL 语句，其查询的条件是该相册的属性是可以公开的，并且该相册中是具有照片的，不是为空的，从而返回所有满足条件的相册的编号 AlbumID。

第 8 句创建一个数据库连接的 SQL 命令对象，然后通过第 10 句打开上述的数据库连接，在第 12 句中执行上述的查询。通过第 14 行到 18 行中的循环语句，将数据表 Albums 中的具有照片内容的相册编号 AlbumID 放入到列表 list 中，然后通过 23 行和 24 行在该列表中取出一个随机的相册编号 AlbumID。

在实现了相册的随机选择以后，还需要对该相册中的照片进行随机挑选。代码 8-7 是照片随机挑选的代码。

代码 8-7　照片随机挑选的代码

```
1: public void Randomize(object sender, EventArgs e)
2: {
3:  Random r = new Random();
4:  FormView1.PageIndex = r.Next(FormView1.PageCount);
5: }
```

照片随机挑选的代码比较简单，这里通过 FormView 控件的 ondatabound 事件方法 Randomize() 来获得。通过第 3 句产生一个随机对象 r，然后利用随机对象的 next()方法产生一个随机数，该随机数就是照片的编号，然后将 FormView1.PageIndex 设置为显示该编号的照片。其中随机数的产生范围由该相册中的照片数量来决定，即由 FormView1.PageCount 来决定。

有关 FormView 控件显示随机照片的代码如代码 8-8 所示。

代码 8-8　用 FormView 控件显示随机照片

```
1: <asp:formview id="FormView1" runat="server" datasourceid="SqlDataSource1"
2:  ondatabound="Randomize" cellpadding="0" borderwidth="0px"
3:      enableviewstate="False">
4: <ItemTemplate>
5:  <h4>今日照片</h4>
6:  <table border="0" cellpadding="0" cellspacing="0" class="photo-frame">
7:   <tr>
8:    <td class="topx--"></td>
9:    <td class="top-x-"></td>
10:   <td class="top--x"></td>
11:  </tr>
12:  <tr>
```

```
13:     <td class="midx--"></td>
14:     <td><a href='Details.aspx?AlbumID=<%# Eval("AlbumID") %>
15:          &Page=<%# Container.DataItemIndex %>'>
16:      <img src="Handler.ashx?PhotoID=<%# Eval("PhotoID") %>&Size=M"
17:          class="photo_198" style="border:4px solid white"
18:          alt='Photo Number <%# Eval("PhotoID") %>' /></a></td>
19:     <td class="mid--x"></td>
20:    </tr>
21:    <tr>
22:     <td class="botx--"></td>
23:     <td class="bot-x-"></td>
24:     <td class="bot--x"></td>
25:    </tr>
26:   </table>
27:   <p><a href='Download.aspx?AlbumID=<%# Eval("AlbumID") %>
28:      &Page=<%# Container.DataItemIndex %>'>
29:   <asp:image runat="server" id="DownloadButton"
         AlternateText="download photo"
30:       skinid="download"/></a></p>
31:   <p>查看<a href="Albums.aspx">更多照片</p>
32:   <hr />
33:  </ItemTemplate>
34: </asp:formview>
```

通过 FormView 控件来显示随机照片，在数据源控件 SqlDataSource 已经获得随机相册编号的情况下，这里主要通过第 2 句中的 ondatabound 事件方法 Randomize()来获得随机显示的一张照片的编号。

其照片的显示同样是定义在项目模板<ItemTemplate></ItemTemplate>第 4 行到第 35 行的语句块中，大体上分为上下五个部分。

第 1 部分是显示一个标题，Photo of the Day，这是通过第 5 行语句来实现的；第 2 部分是显示该张照片，这是通过第 6 到第 26 行语句来实现的。这些语句是一个 3 行 3 列的表格，其中的中间单元格用来显示照片，其他的单元格用来形成照片的边框；第 3 部分是一个段落的文字说明；第 4 部分是一个图像按钮，用于下载该照片；最下面的第 5 部分是一个文字链接，用于链接到相册显示页面 Albums.aspx。

8.3　实训 3——项目化教程角色管理

前面介绍了如何在 Visual Studio 2005 中比较容易地实现注册用户的创建、用户的登录以及用户状态的显示等功能，对用户或者成员的管理只是验证一个用户的身份而已，即该用户是否是一个合法的用户，要实现用户对某些照片的浏览以及对网站的管理，还需要对用户实现角色的管理，对用户授权，即对用户进行权限的分配，某些用户可以管理网站，某些用户可以浏览非公开的照片。

8.3.1　相册的管理

相册的管理是项目化教程网站的一项重要功能，要实现网站中指定路径或文件的访问权限，可以根据需要在配置文件 web.config 中设置。

代码 8-9 给出了一个设置文件访问权限的 web.config 文件。

代码 8-9　设置文件访问权限的 web.config 文件

```
 1: <configuration xmlns="http://schemas.microsoft.com
                          /.NetConfiguration/v2.0">
 2:  <connectionStrings>
 3:   <add name="Personal" connectionString="Data Source=SPENCER\SQLEXPRESS;
 4:             Initial Catalog=personal;Integrated Security=True"
 5:             providerName="System.Data.SqlClient"/>
 6:   <remove name="LocalSqlServer"/>
 7:   <add name="LocalSqlServer" connectionString="Data Source=.\SQLExpress;
 8:             Integrated Security=True;User Instance=False;
 9:             AttachDBFilename=|DataDirectory|aspnetdb.mdf"/>
10:  </connectionStrings>
11:  <system.web>
12:  <pages styleSheetTheme="White"/>
13:  <customErrors mode="RemoteOnly"/>
14:  <compilation debug="true"/>
15:  <authentication mode="Forms">
16:    <forms loginUrl="Default.aspx" protection="Validation" timeout="300"/>
17:  </authentication>
18:  <globalization requestEncoding="utf-8" responseEncoding="utf-8"
                 fileEncoding="gb2312"/>
19:   <roleManager enabled="true"/>
20:   <siteMap defaultProvider="XmlSiteMapProvider" enabled="true">
21:     <providers>
22:      <add name="XmlSiteMapProvider"
              description="SiteMap provider which reads in .sitemap XML files."
              type="System.Web.XmlSiteMapProvider, System.Web,
              Version=2.0.0.0, Culture=neutral,
              PublicKeyToken=b03f5f7f11d50a3a" siteMapFile="web.sitemap"
              securityTrimmingEnabled="true"/>
23:     </providers>
24:    </siteMap>
25:  </system.web>
26:  <location path="Admin">
27:   <system.web>
28:    <authorization>
29:     <allow roles="Administrators"/>
30:      <deny users="*"/>
31:    </authorization>
32:   </system.web>
33:  </location>
34: </configuration>
```

在第 26 句到第 33 句的语句块<location></location>之间，设置了 Admin 路径下所有文件的访问权限。第 29 句设置了只有具有 Administrators 角色的注册用户才可以访问 Admin 路径下的网页并进行相册的管理；第 30 句设置了其他注册用户不能访问 Admin 路径下的网页。

第 15 句到第 17 句设置了注册用户的登录页面链接地址，当一个非注册用户或非授权用户试图访问 Admin 路径下的网页时，由于设置了登录页面链接地址，系统将自动把页面链接到 Default.aspx 页面，以便用户注册登录。

在图 8-36 中，当一般的浏览者浏览该网页时，导航菜单中显示的是"注册"链接以及"登录"

链接，当注册用户正确登录到项目化教程网站中时，将打开如图 8-37 所示的页面。

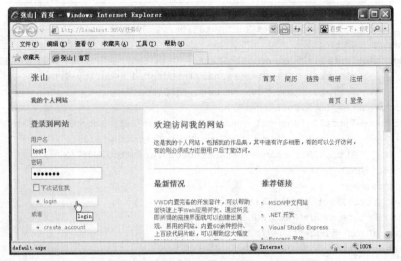

图 8-36　用户登录前的运行页面

在图 8-37 中，由于用户成功登录到项目化教程网站，此时将在左上方显示欢迎的语句，并显示注册的用户名，注意观察页面，实际上还有其他的变化。

页面中的导航菜单此时随着用户的登录也发生了变化，原有的"注册"链接改变为"相册管理"链接；"登录"链接改变为"退出"链接，这是由于导航菜单中内置了权限管理的功能，当浏览者是一个没有登录的用户时，此时的导航菜单将不会显示受保护的页面，即 Admin 目录下的页面，此时的登录状态控件为登录前的设定状态"登录"；当浏览者成功登录到网站中时，此时的导航菜单将会显示受保护的页面，显示"相册管理"链接，此时的登录状态控件为登录后的设定状态"退出"。

这里需要说明的是，导航菜单是否会显示"相册管理"链接，不仅要查看该浏览者是否登录到网站，还要查看该注册用户是否具有相关的角色权限，只有"Administrators"角色的注册用户才能看到"相册管理"链接，进入相关的页面进行相册的管理，如具有"Friends"角色权限的或者没有分配角色的注册用户是看不到"相册管理"链接的。

图 8-37　用户登录后的页面

8.3.2　相册的显示

相册的内容可以选择公开或者非公开，公开的相册可以让所有的浏览者访问，非公开的相册内容只有具有 Administrators 角色或者 Friends 角色的注册用户才能访问。

相册内容的筛选是在自定义的 HTTP 程序 Handler 中实现的，在查询相册内容的语句中，设置了一个筛选条件，用于判断当前用户的角色状态，其代码见代码 8-10 所示。

代码 8-10　筛选条件

```
bool filter = !(HttpContext.Current.User.IsInRole("Friends")
|| HttpContext.Current.User.IsInRole("Administrators"));
```

通过判断当前用户的角色是否是 Friends 角色或者是 Administrators 角色，来设置一个布尔值 filter。如果是其中一个角色，filter 取值为 False，在这种情况下，即使是非公开的相册页也可以访问；否则 filter 的取值为 True，只有公开的相册才能访问。

8.3.3　角色的管理

首次运行项目化教程网站时，通过 Global.ashx 文件中的相关语句创建了两个角色：Friends 和 Administrators。

实际上注册用户的角色创建、管理或者分配，同样可以通过在任务 1 中讲到的网站管理工具的"安全"选项卡中的角色项目来实现。

在 Visual Studio 2005 打开的项目中，单击"网站"菜单中的"ASP.NET 配置"命令，在出现的网站管理工具页面中选择"安全"选项卡，在打开的如图 8-38 所示的页面中，单击中间部分角色项目中的"创建或管理角色"链接，可以创建或管理角色。

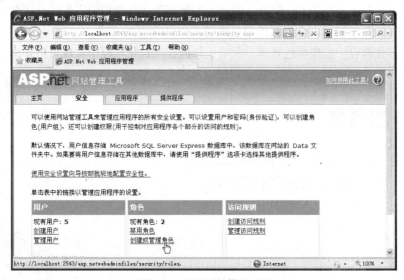

图 8-38　页面网站管理工具

在图 8-39 中，在新角色输入框中输入需要创建的角色，单击"添加角色"按钮后可创建新的角色。

单击已经创建角色旁边的"删除"链接，可以删除该角色；单击"管理"链接，可以管理角色，更改注册用户的角色分配。

要方便地进行角色分配，可以通过单击图 8-38 中用户管理项目下的"管理用户"链接来实现，这里不再重复。

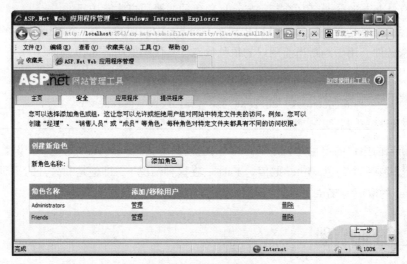

图 8-39　创建或管理角色

8.4　任务小结

下面对如何实现成员管理和角色管理这一工作任务作一个小结。

- 实现成员管理：介绍了实现成员管理，其中包括配置成员管理、用户登录、注册新用户以及更改密码功能。
- 在项目化教程中实现成员管理：说明了如何在项目化教程中实现成员管理，其中包括会员注册、会员登录、会员其他信息的管理以及首页的实现。
- 在项目化教程中实现角色管理：说明了如何在项目化教程中实现角色管理，其中包括如何基于用户角色管理相册、显示相册以及角色的管理。

8.5　思考题

1. 在任务 7 的思考题中，实现网站的成员管理。
2. 在第 1 题中，继续实现网站的角色管理。

8.6 工作任务评测单

学习情境 2	网站开发	班级	
任务 8	使用成员和角色管理网站	小组成员	
任务描述	在使用成员和角色管理网站任务中，主要实现成员管理以及角色管理，从而实现会员浏览非公开相册、网站管理员编辑相册等基本功能		
任务分析	实现成员管理： 在项目化教程中实现成员管理： 在项目化教程中实现角色管理：		
任务实施	实施步骤（并回答思考题）。 1. 实现成员管理： 2. 在项目化教程中实现成员管理： 3. 在项目化教程中实现角色管理：		

工作评价	小组自评	分数：	签名：	年　月　日
	小组互评	分数：	签名：	年　月　日
	教师评价	分数：	签名：	年　月　日

任务9

网站测试

任务目标

- 项目化教程的 Web 测试。
- 项目化教程的负载测试。

测试是软件开发生命周期中的一个重要部分，Visual Studio Team System 2005 Team Suite 版本提供了创建可重复、自动化测试的工具，可以比较容易地进行网站的 Web 测试以及负载测试。

在网站测试任务中，主要利用 Visual Studio 2005 中的相关测试工具，实施项目化教程的 Web 测试以及负载测试。

9.1 实训 1——项目化教程的 Web 测试

对项目化教程进行 Web 测试，当然可以采用手动方式，测试人员依靠手工进行页面测试，但人工测试并不能测试到用户界面操作的所有集合，特别在基于数据库的 Web 应用中，只能测试网站中常见的操作路径。

在 Visual Studio 2005 中，提供了 Web 测试工具，使得 Web 测试可以自动化地进行。通过 Web 测试工具记录站点中的导航路径、访问请求，然后再次将这些访问请求绑定到数据库中的相关数据上，在相关页面设置提取规则和请求验证规则，最后即可重复、自动化地运行这些 Web 测试。

9.1.1 记录 Web 测试

要实现记录 Web 测试，首先需要在项目化教程中添加 Web 测试项目。

1. 创建 Web 测试项目

在 Visual Studio 2005 中，打开项目化教程网站，然后单击"测试" 菜单下的"新建测试"命令，打开如图 9-1 所示的"添加新测试"对话框。

在图 9-1 中选择"Web 测试"模板，设置添加到测试项目为"创建新的 Visual C#测试项目"，然后单击"确定"按钮，打开如图 9-2 所示的设置测试项目名称对话框。

图 9-1 "添加新测试"对话框　　　　　　　　　　　图 9-2 设置测试项目名称

在图 9-2 中，输入测试项目的名称为"TestProject1"，单击"创建"按钮，即可创建一个 Web 测试项目，并打开一个 Web 测试记录器，如图 9-3 所示。

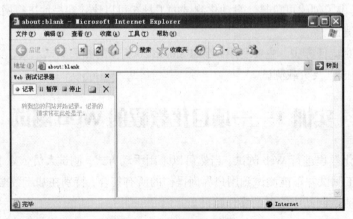

图 9-3 Web 测试记录器

2. 记录 Web 测试

在项目化教程中添加 Web 测试项目后，在 Visual Studio 2005 中，选择网站"项目化教程"并运行该网站，然后将该 URL 地址复制到 Web 测试记录器中，如图 9-4 所示。

在图 9-4 中，测试者可以根据测试计划单击页面中的相关链接，进入相关页面测试该页面的功能。

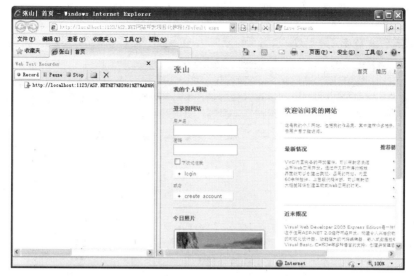

图 9-4　Web 测试记录器开始录制

　　首先输入正确的用户名"test1"和密码"123456&"，登录到网站，然后单击页面上方的导航链接"相册管理"进入相册管理页面，单击其中一个相册，进入相册内所有照片页面；选择其中一个照片，进入照片详细页面，最后单击 Web 测试记录器的"停止"按钮，结束 Web 测试的记录，如图 9-5 所示。

图 9-5　Web 测试记录器结束录制

9.1.2　运行 Web 测试

　　在图 9-6 所示的 Visual Studio 2005 中，单击 Web 测试工具栏左边的"运行测试"按钮，可以回放前面所录制的 Web 测试，从而运行 Web 测试。

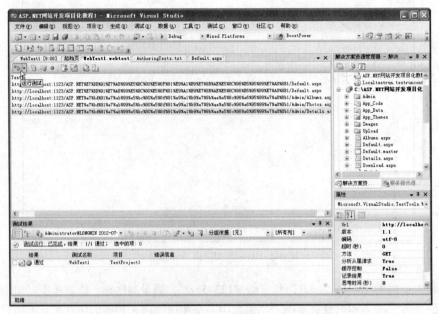

图 9-6　运行测试

很显然，被录制 Web 测试的测试结果是"通过"的，如图 9-7 所示。

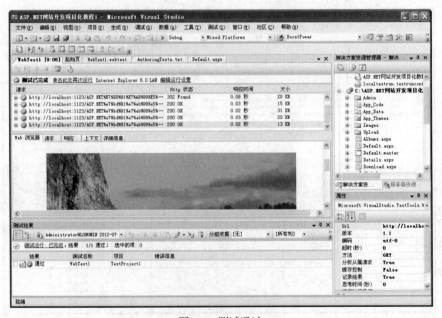

图 9-7　测试通过

在项目化教程的 Web 测试中，首先需要添加一个新的 Web 测试项目，然后通过记录 Web 测试，就可以得到一个基本的 Web 测试框架，接下来测试者需要做的是，依据该 Web 测试框架修改或者添加相关的测试内容，如为 Web 测试设置数据，就可以实现重复的、自动化测试。

9.1.3　设置 Web 测试数据

为 Web 测试设置数据源，首先需要添加 Web 测试的数据源，然后将数据源中的相关字段绑定到 Web 测试的相关参数。

1. 添加 Web 测试数据源

在图 9-8 所示的 Visual Studio 2005 中，单击 Web 测试工具栏左边的"添加数据源"按钮，打开如图 9-9 所示的选择数据源对话框。

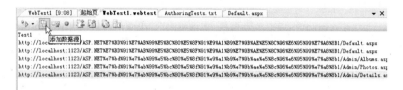

图 9-8　添加数据源

在图 9-9 中，选择数据库为数据源，单击"下一步"按钮，打开如图 9-10 所示的选择连接字符串界面。

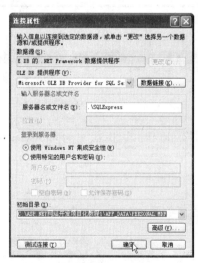

图 9-9　选择数据源

图 9-10　选择数据表

在图 9-10 中，选择数据表"Albums"和"Photos"，然后单击"完成"按钮，即可完成对数据源的添加，如图 9-11 所示。

在图 9-11 中，设置数据表的访问方式为"顺序"，此时表示顺序访问数据表中的所有数据。

2. 绑定 Web 测试数据

设置 Web 测试的数据源之后，就可以将该数据源的某个字段绑定到指定 Web 请求的 URL 中的相关参数中。

首先在图 9-12 中设置第 1 个 Web 请求参数。

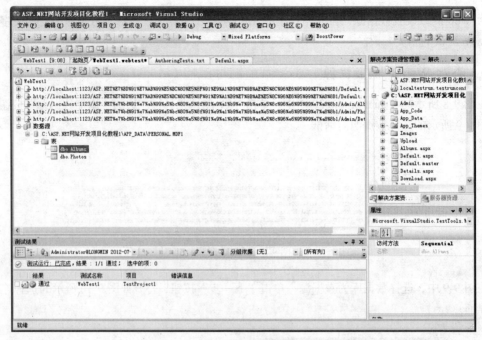

图 9-11　添加数据源

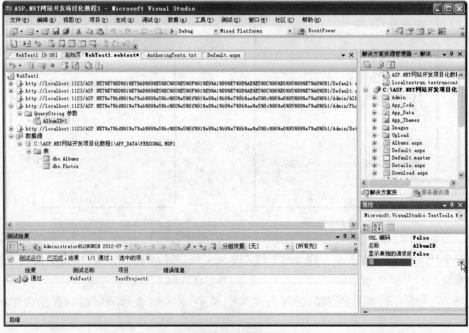

图 9-12　设置第 1 个 Web 请求参数

单击 Web 请求——http://localhost:1123/项目化教程/Admin/Photos.aspx，展开 QueryString 参数，选择参数 AlbumID=1，然后在属性窗口中单击"值"属性的下拉列表框，打开如图 9-13 所示的绑定数据字段对话框。

在图 9-13 中展开"DataSource1"数据库，选择数据表"Albums"中的 AlbumID 字段，即可实现 Web 请求中 AlbumID 参数的绑定，如图 9-14 所示。

在图 9-14 中，继续设置第 2 个 Web 请求参数。同样是单击 Web 请求——http://localhost:1123/项目化教程/Admin/Details.aspx，展开 QueryString 参数，设置 AlbumID 参数的绑定，以及 Page 参数到数据表"Photos"中的 PhotoID 字段的绑定。

图 9-13　绑定数据字段

图 9-14　设置第 2 个 Web 请求参数

3. 运行 Web 测试

将 Web 请求中的参数绑定到数据库中的数据之后，单击 Web 测试工具栏左边的"运行测试"按钮，就可以运行 Web 测试，测试结果如图 9-15 所示。

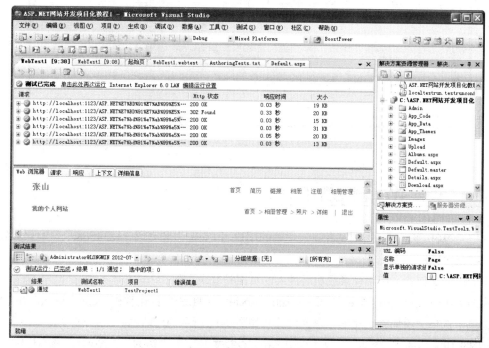

图 9-15　运行 Web 测试

这里需要说明的是，此时尽管被绑定的数据源中有多条数据，但此时运行的测试只运行一次。

要实现自动化、多次运行 Web 测试，还需要对 Web 测试进行运行设置。

4. 自动化运行 Web 测试

在图 9-15 中单击"编辑运行设置"链接，打开如图 9-16 所示的运行设置对话框。

在图 9-16 中选择"每个数据源行运行一次"，表示将顺序访问数据库中相关字段的所有数据；选择"模拟思考时间"，表示每发送一个 Web 请求，模拟浏览者观看该页面的时间为 3 秒；然后单击"确定"按钮回到图 9-16 所示的界面，单击其中的"单击此处再次运行"链接，即可自动化、18 次运行 Web 测试，如图 9-17 所示。

图 9-16　运行设置

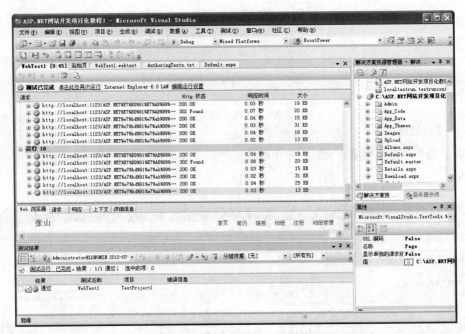

图 9-17　自动化运行 Web 测试

9.1.4　设置 Web 测试验证规则

在记录 Web 测试时，当浏览者输入正确的用户名"test1"和密码"123456&"，项目化教程就会进入登录页面。

下面说明如何验证用户登录成功后进入的页面是登录页面。

在图 9-18 中右键单击 Web 请求——http://localhost:1123/项目化教程/Default.aspx，在打开的快捷菜单中选择"添加验证规则"命令，打开如图 9-19 所示的对话框。

在图 9-19 左边的"选择规则"文本框中选择"查找文本"，在右边的"查找文本"参数中输入"欢迎　test1!"，表示验证该页面中是否包括"欢迎　test1!"文本，如果包括该文本，就说明已经进入登录页面；否则就没有进入登录页面。然后单击"确定"按钮，即可完成验证规则设置，如图 9-20 所示。

图 9-18　添加验证规则

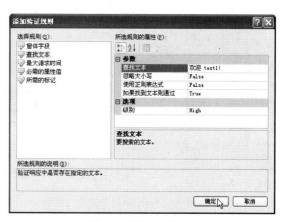

图 9-19　设置查找文本

在图 9-20 中单击 Web 测试工具栏左边的"运行测试"按钮，再次运行 Web 测试，由于登录后的 Default.aspx 页面中包括文本"欢迎　test1!"，因此在运行该 Web 请求时，"详细信息"窗格中显示了验证通过信息，整个测试结果也是"通过"的，如图 9-21 所示。

如果在验证规则的"查找文本"参数中输入"欢迎　test2!"，由于在成功登录后的 Default.aspx 页面中并不包括该文本，因此在运行该 Web 请求时，"详细信息"窗格中则会显示验证失败的信息，整个测试结果也是"失败"的，如图 9-22 所示。

图 9-20　完成验证规则设置

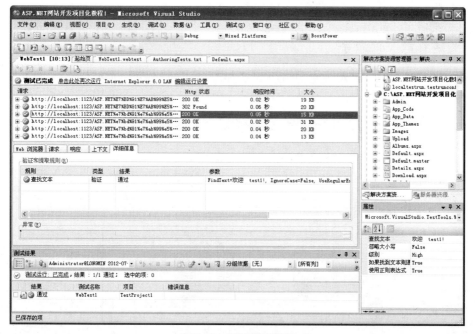

图 9-21　验证规则通过

185

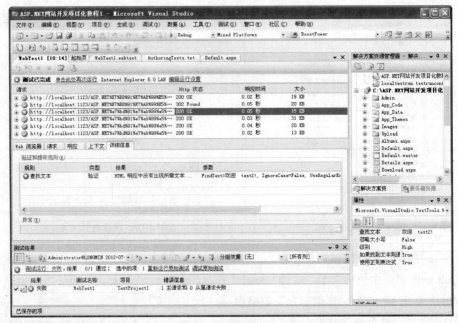

图 9-22　验证规则失败

9.2　实训 2——项目化教程的负载测试

通过负载测试，可以模拟多个用户访问网站时网站的各种运行性能。

9.2.1　创建负载测试

在创建负载测试时，会打开一个负载测试向导，根据该向导需要设置许多相关参数。

1．新建负载测试向导

在 Visual Studio 2005 中打开网站，然后单击"测试"菜单下的"新建测试"命令，打开如图 9-23 所示的"添加新测试"对话框。

图 9-23　"添加新测试"对话框

在图 9-23 中选择"负载测试"模板，然后单击"确定"按钮，打开如图 9-24 所示的新建负载测试向导。

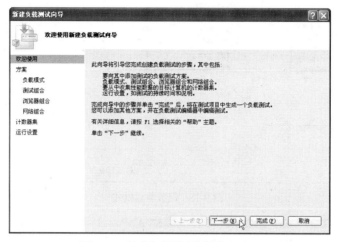

图 9-24 新建负载测试向导欢迎页面

2. 定义负载测试方案

在图 9-24 中单击"下一步"按钮，打开如图 9-25 所示的设置方案界面。

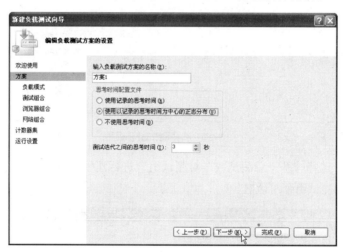

图 9-25 设置负载测试方案

3. 设置负载模式

在图 9-25 中选择相应的思考时间，也就是模拟访问者浏览页面的时间，然后单击"下一步"按钮，打开如图 9-26 所示的设置负载模式界面。

在负载模式界面中，可以选择"常量负载"或者"分级负载"，以便模拟用户数量，这里选择开始的用户数为 10 个，单步持续时间设置为 10 秒，每 10 秒添加 10 个用户，最后的模拟用户数为 100 个。

4. 设置测试组合

在图 9-26 中，单击"下一步"按钮，打开如图 9-27 所示的选择测试组合模型界面。

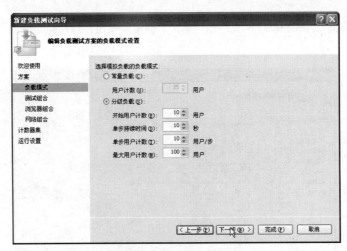

图 9-26　设置负载模式

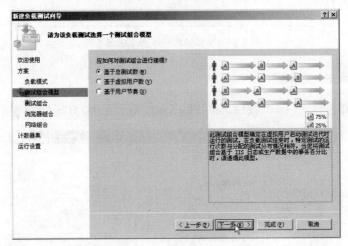

图 9-27　选择测试组合模型

在图 9-27 中，选择"基于总测试数"对测试组合进行建模，单击"下一步"按钮，打开如图 9-28 所示的添加测试组合对话框。

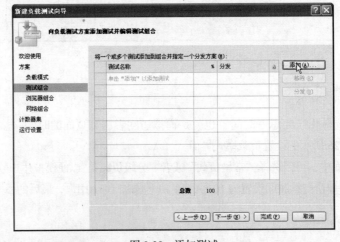

图 9-28　添加测试

在图 9-28 中，单击"添加"按钮，打开如图 9-29 所示的选择测试项目对话框，在左边可用的测试框中选择测试项目，单击中间部分的">"按钮，即可选定可用的测试项目，如图 9-30 所示。

图 9-29   选择测试项目

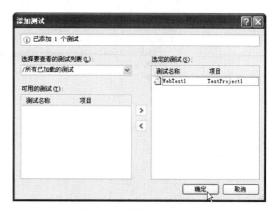

图 9-30   添加选定测试

在图 9-30 中，单击"确定"按钮，即可添加一个测试项目实施将要进行的负载测试，如图 9-31 所示。

图 9-31   设置测试组合

5. 指定浏览器组合

在图 9-31 中，继续单击"下一步"按钮，打开如图 9-32 所示的设置浏览器组合界面。

通过单击"添加"按钮，可以添加浏览器组合，这里分别选择了 IE 5.5 和 IE 6.0 浏览器，用来模拟用户所使用的各种不同浏览器组合。

6. 指定网络组合

在图 9-32 中，单击"下一步"按钮，打开如图 9-33 所示的设置网络组合界面。

通过单击"添加"按钮，可以添加不同的网络类型，这里分别选择了 Cable/DSL 384k 和 Dial-up 56k 网络组合，用来模拟用户所使用的各种不同网络类型组合。

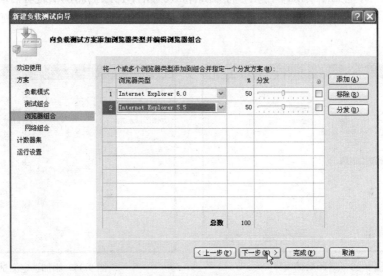

图 9-32　指定浏览器组合

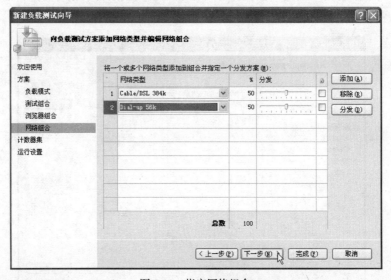

图 9-33　指定网络组合

7. 指定要监视的计算机

在图 9-33 中，单击"下一步"按钮，打开如图 9-34 所示的设置计数器集界面。

通过单击"添加计算机"按钮，设置要监视的计算机名称为"新计算机 1"，计数器集为"ASP.NET"、"IIS"和"SQL"。

8. 运行配置

在图 9-34 中，再次单击"下一步"按钮，打开如图 9-35 所示的运行配置界面。

这里设置运行的持续时间为 5 分钟，表示将要进行负载测试的时间将花费 5 分钟。

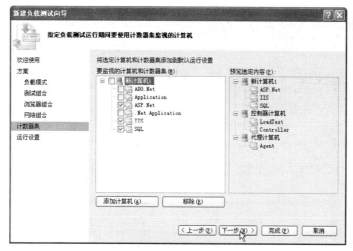

图 9-34　指定要监视的计算机

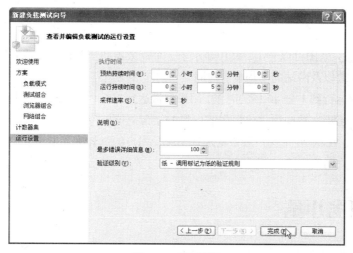

图 9-35　运行配置

9.2.2　运行负载测试

在图 9-35 中，单击"完成"按钮，即可完成负载测试向导中各种参数的设置，打开如图 9-36 所示的负载测试方案界面。

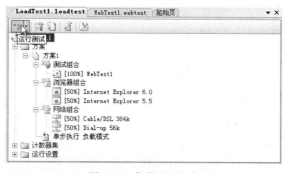

图 9-36　负载测试方案

在上图中单击负载测试工具栏中的"运行测试"按钮，即可开始 5 分钟时间的负载测试，完成负载测试后，其中的关系图如图 9-37 所示。

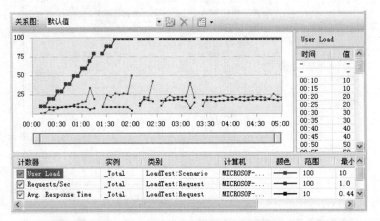

图 9-37　负载测试的关系图

从图 9-37 中的关系图可以看出，其中显示了 3 个计数器的负载运行曲线，分别是用户数、用户每秒钟的请求总数以及网站的平均响应时间。

在项目化教程运行到 1 分 40 秒的时候，用户数量达到 100 个，而在此之前用户则是逐步添加的；用户每秒钟的请求次数在项目化教程运行到 1 分 55 秒的时候为最大，是 51 次；而项目化教程的平均响应时间，在从 10 个用户逐步增加到 100 个用户的过程中基本不变，在达到 100 个用户的时候，则增加少许时间。

9.3　任务小结

下面对如何实现网站测试这一工作任务作一个小结。

● 项目化教程的 Web 测试：介绍了在 Visual Studio 2005 中，如何记录 Web 测试、运行 Web 测试，为 Web 测试设置数据源、添加验证规则，从而实现自动化运行 Web 测试。

● 项目化教程的负载测试：介绍了在 Visual Studio 2005 中，如何通过负载测试向导设置负载测试中的各种参数，如何运行负载测试，如何解毒负载测试的关系图。

9.4　思考题

1. 在 Web 测试时，为什么要记录 Web 测试？
2. 在对网站实施负载测试时，需要设置多少种类的相关参数？

9.5 工作任务评测单

学习情境 3	网站测试	班级	
任务 9	网站测试	小组成员	
任务描述	在网站测试任务中，主要介绍如何实现项目化教程的 Web 测试，如何实现项目化教程的负载测试		
任务分析	Web 测试： 负载测试：		
任务实施	实施步骤（并回答思考题）。 1. 实现项目化教程 Web 测试的步骤： 2. 实现项目化教程负载测试的步骤：		

工作评价	小组自评	分数：	签名：	年 月 日
	小组互评	分数：	签名：	年 月 日
	教师评价	分数：	签名：	年 月 日

网站发布

任务目标

● 发布网站到互联网上。

网站发布是网站开发的最后一个环节，在网站发布任务中，利用互联网上虚拟主机服务提供商所提供的免费空间，将项目化教程网站发布到互联网上。

10.1 实训——发布网站到互联网上

下面介绍如何通过免费的虚拟主机服务提供商将所开发的项目化教程网站发布到互联网上。

10.1.1 注册新用户

http://www.aspspider.com 网站免费提供 ASP.NET 2.0 的运行空间，访问网站 http://www. aspspider.com/profiles/Register.aspx，打开如图 10-1 所示的"注册新用户"界面，在其中输入用户名、密码、Email 等信息，其中的用户名（User Name）必须为英文，该用户名将构成自己网站名称的一部分；Email 地址必须真实有效，其他的信息可以不填写，为防止机器注册，需要填写验证码，然后单击"Save"按钮，网站就会向所填写的 Email 地址发送相关邮件，并打开如图 10-2 所示的"Email 验证"界面。

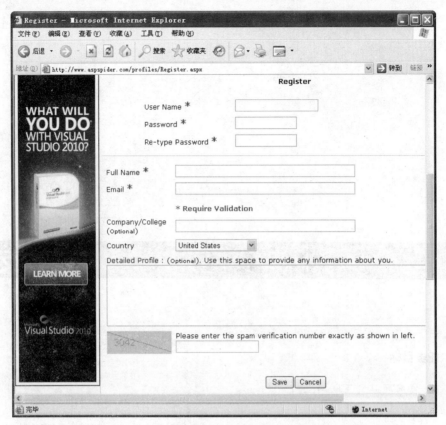

图 10-1　注册新用户

图 10-2　Email 验证

　　根据所填写的 Email 地址打开邮箱，查看网站发送过来邮件中所包括的验证码（validation code），在图 10-2 中填写该验证码，单击"Validate"按钮，用于验证注册用户的 Email 地址是否正确。如果正确无误，则打开"用户创建成功"的界面，如图 10-3 所示。

　　这里需要说明的是，在成功创建用户之后，单击图 10-3 中的"Create web site"，并不能马上创建相关的网站，而需要在 10 分钟之后才能创建，以免有关注册用户滥用该网站所提供的免费资源。

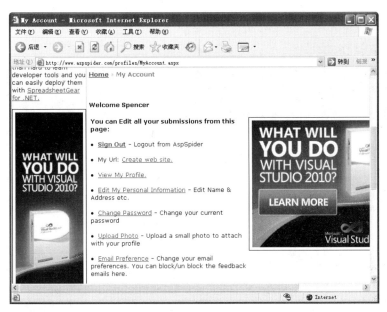

图 10-3　用户创建成功

10.1.2　创建网站

在成功创建用户 10 分钟之后，再次访问 www.aspspider.com 网站，输入相关的用户名、密码登录该网站，单击"Create web site"链接，打开如图 10-4 所示的"创建网站"界面。

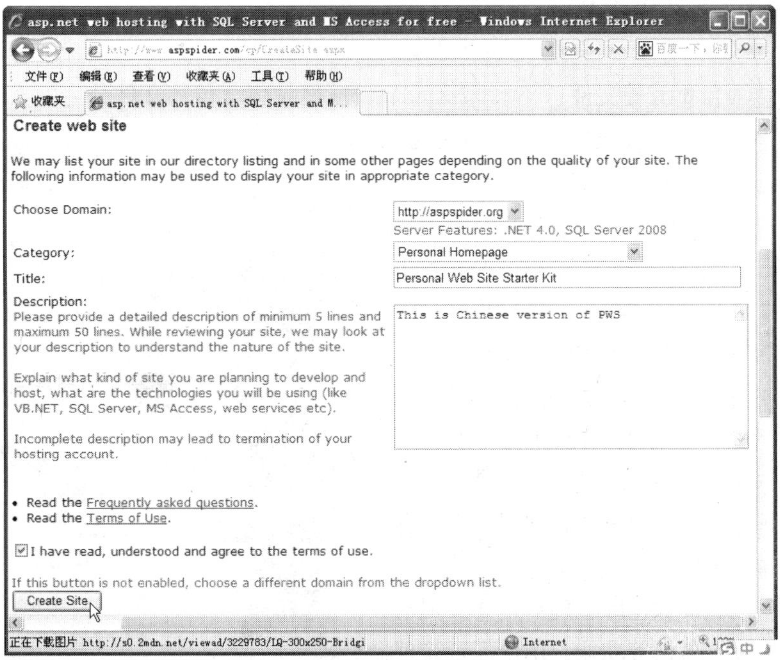

图 10-4　创建网站

在图 10-4 中，首先选择"Choose Domain"下拉列表框中的相关域名，图示中显示的是 http://aspspider.org，笔者注册的用户名是"spencergong"，因此将要创建的网站地址为：

http://aspspider.org/spencergong；然后输入其他相关信息，单击左下方的 "Create Site" 按钮，打开 "创建网站成功" 界面，如图 10-5 所示。

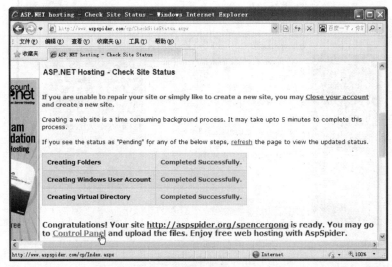

图 10-5　创建网站成功

在图 10-5 中，说明了创建文件夹（Creating Folders）、创建 Windows 用户账号（Creating Windows User Account）以及创建虚拟目录（Creating Virtual Directory）的状态是否已经完成，如果还没有完成，请等待少许时间，再次刷新该页面，直到创建网站成功。

10.1.3　上传网站文件

为方便上传项目化教程文件，www.aspspider.com 网站将上传的文件分为两大类，一个是网站中的普通文件，一个是数据库文件，并且提供 ZIP 压缩文件包的方式上传，简单、方便。

在图 10-6 中，选择网站中的所有文件目录和文件，压缩 PWS.zip 文件，然后将原有 "App_Data" 文件夹中的两个数据库文件（Personal.mdf 和 ASPNETDB.MDF）压缩为 App_Data.zip 文件。

在图 10-5 的界面中，单击界面上方的 "Control Panel"，打开如图 10-7 所示的 "控制面板" 界面。

在图 10-7 中包括 3 个管理器，分别是文件管理器、数据库管理器以及用户配置管理器。文件管理器主要用于实现管理网站中各种文件的上传、下载、重命名、编辑等功能；数据库管理器主要实现对数据库的附加、分离、备份等功能；用户配置管理器主要管理一些个人信息。单击文件管理器下方的 "Go to File Manager" 链接，打开如图 10-8 所示的 "文件管理器" 界面。

图 10-6　压缩网站文件

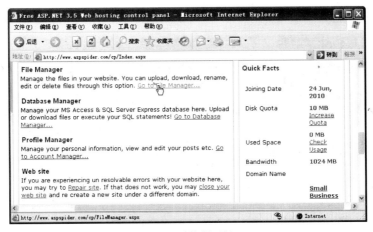

图 10-7　控制面板

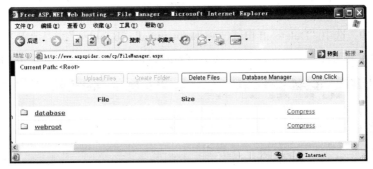

图 10-8　文件管理器

从图 10-8 中可以看出，整个网站存储在两个目录之中，分别是"database"目录和"webroot"目录，"database"目录中存储数据库文件，而"webroot"目录中则存储除数据库之外的其他网站文件。

在图 10-8 中，单击"webroot"目录链接，进入"webroot"目录，打开如图 10-9 所示的"默认网站"界面。

从图 10-9 中可以看出，www.aspspider.com 网站为新注册的用户创建了一个默认的网站，由于需要将项目化教程网站中的非数据库文件全部上传到"webroot"目录之中，因此需要将系统生成的默认网站中的目录和文件全部删除。

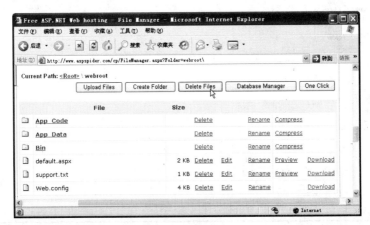

图 10-9　默认网站

在图 10-9 中，单击上方的 "Delete Files" 按钮，就会打开如图 10-10 所示的 "删除文件" 界面。

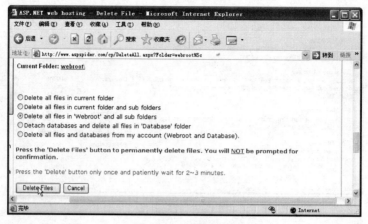

图 10-10　删除文件

在图 10-10 中，选中 "Delete all files in Webroot and all sub folders"，表示需要清空 "webroot" 目录之中的子目录和文件，单击 "Delete Files" 按钮，打开如图 10-11 所示的界面。

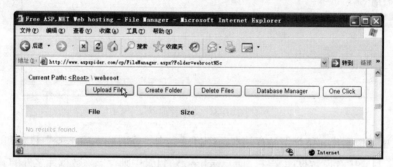

图 10-11　上传文件

从图 10-11 中可以看出，已经清空 "webroot" 路径中的目录和文件，单击 "Upload Files" 按钮，打开如图 10-12 所示的界面，以便上传项目化教程——PWS 文件。

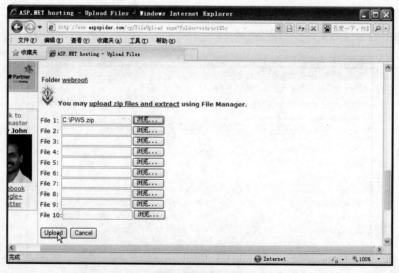

图 10-12　选择网站压缩文件

在图 10-12 中，选择需要上传的 PWS 网站压缩文件——PWS.zip，单击"Upload"按钮，上传成功后，就会回到如图 10-13 所示的"webroot"目录。

在图 10-13 中，单击 PWS.zip 文件右边的"Extract"链接，表示要解压 PWS.zip 文件，打开如图 10-14 所示的解压文件界面。

在图 10-14 中，选中"Current Directory - webroot"，单击界面下方的"Extract Files"按钮，打开如图 10-15 所示的正在解压文件界面。

图 10-13　解压文件

图 10-14　解压文件页面

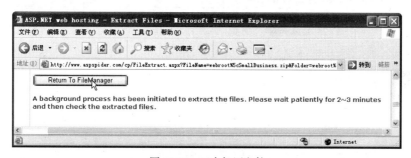

图 10-15　正在解压文件

从图 10-15 中可以看出，解压这一过程通过服务器中的后台进程来实现，是需要一些时间的，一般情况下，只需要 2～3 分钟的时间。

等待少许时间，单击"Return to FileManager"按钮，返回到如图 10-16 所示的"文件管理器"界面。

在图 10-16 中，PWS 网站已经被成功解压到 "webroot" 目录之中，由此看来，zip 文件的上传确实是一个比较方便用户的功能。

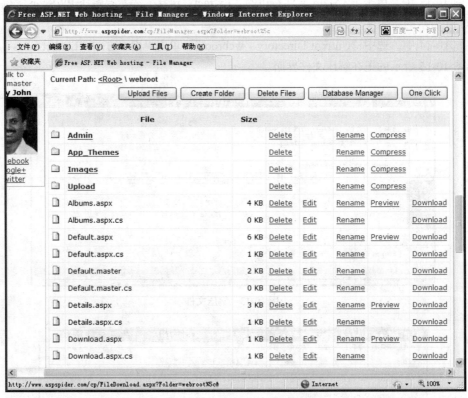

图 10-16　解压后的 PWS 网站

根据同样的步骤，上传数据库压缩文件 App_Data.zip 到 "database" 目录之中，然后解压缩该 App_Data.zip 文件，解压后的数据库文件如图 10-17 所示。

图 10-17　解压后的数据库文件

10.1.4　附加数据库

在图 10-17 中，单击"Database Manager"按钮，打开如图 10-18 所示的"数据库管理器"界面，单击其中的"Express Manager"按钮，用于设置 SQL Server 2005 Express 版本的数据库，打开如图 10-19 所示的界面。

图 10-18　数据库管理器

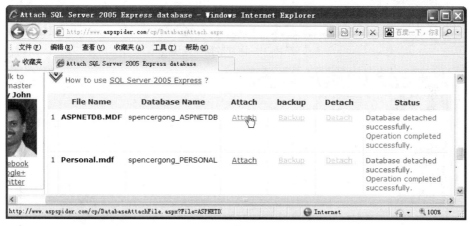

图 10-19　选择附加数据库

在图 10-19 中，选择数据库文件"ASPNETDB.MDF"右边的"Attach"链接，打开如图 10-20 所示的"附加数据库"界面。

在图 10-20 中，说明了原有数据库文件"ASPNETDB.MDF"在 www.aspspider.com 网站中被设置为名称为"spencergong_ASPNETDB"的数据库，单击"Attach Database"按钮，打开如图 10-21 所示的"附加数据库进程"界面，等待少许时间，如果成功附加了数据库，将会显示如图 10-22 所示的成功信息。

然后单击"Return to Database Attach/Detach"按钮，打开如图 10-22 所示的"附加数据库成功"界面。

图 10-20　附加数据库

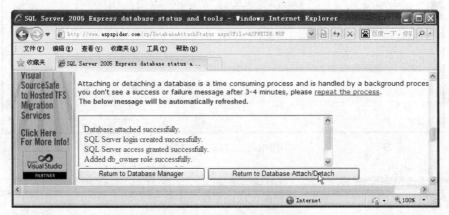

图 10-21　附加数据库进程

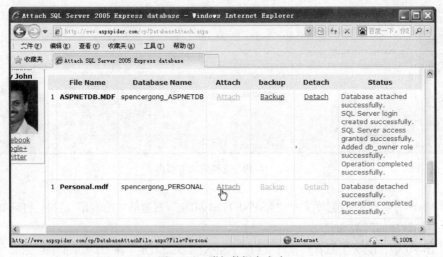

图 10-22　附加数据库成功

在图 10-22 中，单击数据库文件 "Personal.mdf" 右边的 "Attach" 链接，根据同样步骤，附加名称为 "spencergong_PERSONAL" 的数据库。

成功附加数据库之后，还需要在 web.config 配置文件中，正确设置这两个数据库的连接字符串，以便 www.aspspider.com 网站能够正确连接到需要的数据库，修改原来 SmallBusiness 网站

web.config 配置文件中的<connectionStrings>…</connectionStrings>部分为如下形式：

```
<connectionStrings>
  <add name="SQLConnectionString"
    connectionString="Data Source=.\SQLExpress;
    Initial Catalog=spencergong_PERSONALMySite;Integrated Security=True"
    providerName="System.Data.SqlClient"/>
  <rcmove name="LocalSqlServer"/>
  <add name="LocalSqlServer" connectionString="Data Source=.\SQLExpress;
    Initial Catalog=spencergong_ASPNETDB;Integrated Security=True"
    providerName="System.Data.SqlClient"/>
</connectionStrings>
```

这里需要说明的是，数据库的名称在 www.aspspider.com 网站中分别修改为“spencergong_ASPNETDB”和“spencergong_PERSONAL”，其中 spencergong 是笔者的注册用户名。

由于该免费空间位于国外的虚拟主机，如果此时运行企业网站，就会发现页面会出现乱码，因此还需要在配置文件中添加如下设置：

```
<globalization requestEncoding="gb2312" responseEncoding="gb2312"
  fileEncoding="gb2312"  />
```

最后将修改后的 web.config 配置文件单独上传到“webroot”目录之中。

10.1.5　在互联网上运行网站

在浏览器中输入访问地址：http://aspspider.org/spencergong，此时就会打开如图 10-23 所示的首页运行界面。

图 10-23　互联网上的首页运行界面

在图 10-23 中单击"相册"链接,打开如图 10-24 所示的产品目录的运行界面,产品相关数据是从数据库中读取的,因此该界面的成功运行,说明数据库的配置是正确的。

图 10-24　相册的运行界面

10.2　任务小结

下面对如何实现页网站发布这一工作任务作一个小结。

- 发布网站到互联网上:介绍了如何通过免费的虚拟主机服务提供商,将所开发的 PWS 网站发布到互联网上。在发布过程中,需要特别注意数据库的上传和配置,并在配置文件中书写正确的数据库连接字符串。

10.3　思考题

如何将自己所完成的企业网站通过虚拟主机服务提供商(http://www.aspspider.com)发布到互联网上?

10.4 工作任务评测单

学习情境 4	网站发布		班级	
任务 10	网站发布		小组成员	
任务描述	在网站发布任务中，利用互联网上虚拟主机服务提供商所提供的免费空间，将企业网站发布到互联网上			
任务分析	发布网站到互联网上：			
任务实施	实施步骤（并回答思考题）。 如何发布网站到互联网上			
工作评价	小组自评	分数：	签名：	年　月　日
	小组互评	分数：	签名：	年　月　日
	教师评价	分数：	签名：	年　月　日